고사리 잘 키우는 법

옮긴이 **이나영**

국민대 디자인대학원에서 석사를 마쳤으며, 국립현대미술관을 거쳐 갤러리 큐레이터로 근무하였다. 현재는 출판기획과 번역을 하고 있다. 옮긴 책으로 《워디언 케이스》《앤드류 루미스 인체 드로잉》《앤드류 루미스 얼굴과 손 드로잉》 등이 있다.

그린이 **신주현**(아피스토)

일러스트레이터이자 에세이스트로 활동하고 있으며, 식물채널 '아피스토TV'를 운영하고 있다. 지은 책으로 《처음 식물》《식물의 말》, 그린 책으로 《박쥐란 원종 도감》《글로스터의 홈가드닝 이야기》《테라리움 잘 만드는 법》《실내 가드닝 DIY의 모든 것》 등이 있다. 식물 전시 〈차호의 정원〉〈그리고, 그린〉〈녹색소음〉 등을 개최하였으며, 2011년 《시와시학》을 통해 시로 등단했다.

유튜브 @apistotv | 인스타그램 @apistotv

〽〽 씨앗문고

고사리 잘 키우는 법

초판 1쇄 찍음 2026년 2월 11일 **초판 1쇄 펴냄** 2026년 2월 20일
지은이 셜리 히버드 **옮긴이** 이나영 **펴낸이** 이정희 **기획** 신주현
아트디렉터 김태주 **디자인** Labi.D **마케팅** 신보성
제작 (주)아트인 **펴낸곳** 미디어샘 **등록** 제311-2009-33호(2009년 11월 11일)
주소 03345 서울시 은평구 통일로 856 메트로타워 1117호
대표전화 02-355-3922 **팩스** 02-6499-3922
전자우편 mdsam@mdsam.net **블로그** www.mdsam.net
ISBN 978-89-6857-260-9 14520
     978-89-6857-242-5 SET

고사리 잘 키우는 법

THE FERN GARDEN

셜리 히버드

미디어샘

일러두기

1. 학명은 '국제식물명명규약'에 준하되, '국가표준식물목록'에 등록된 학명을 우선 표기하였다.

2. '국가표준식물목록'에 등록되지 않은 학명은 '국제식물명색인'에 준하여 외래어표기법에 따라 표기하였다. 단, 영문명은 번역하여 표기하였다.

3. 원서에 쓰인 용어 중 국내 독자에게 익숙하지 않은 표현 또는 국내에서 구하기 어렵거나 현실적으로 적용하기 힘든 재료와 방법은 우리 실정에 맞게 정리하였다.

4. 이해를 돕기 위해 삽화를 추가하고, Check List와 About Fern Basics를 두어 보완하였다.

Contents

About Fern Basics

Check List

다시, 고사리의 기본으로

고사리를 처음 키우기 시작한 사람들은 의외로 많은 책 앞에서 혼란을 겪는다. 선택지가 너무 많기 때문이다. 시중에 나와 있는 관련 도서 중에는 초보자에게 실제로 도움이 되는 책이 그리 많지 않다. 고사리가 하나의 유행처럼 다뤄지면서, 충분한 이해와 경험 없이 책을 쓰는 경우도 적지 않았기 때문이다. 경험이 부족한 안내는 종종 또 다른 혼란을 낳는다.

물론 이 분야를 깊이 있게 다룬 훌륭한 책들도 분명히 있다. 다만 그런 책들 대부분은 지나치게 전문적이어서, 이제 막 입문한 독자가 읽기에는 부담스러운 게 사실이다. 이런 상황을 지켜보며, 고사리를 함께 즐기던 친구들이 "초보자에게 정말 필요한 책을 한 권 써보라"고 권했고, 그 제안이 이 책의 출발점이 되었다.

이 책이 기존의 책들을 완전히 대체할지, 아니면 그 옆에 조용히 놓일지는 독자의 판단에 맡긴다. 다만 지난 25년 동안 직접 고사리를 키우고, 실패하고, 다시 시도하며 쌓아온 경험을 바탕으로 썼다는 점에서는 분명한 차이가 있다고 생각한다. 단기간의 관찰이나 몇 종의 사례에 기대어 정리한 내용은 아니다.

고사리 한 종 한 종은 각각 한 챕터를 할애해도 모자랄 만큼의 개성을 지닌다. 그러나 이 책에서는 가장 널리 유통되고, 이름으로도 쉽게 찾을 수 있는 고사리들만 선별해 소개한다. 초보자가 가장 먼저 부딪치는 '이름의 혼란'을 줄이고, 책에서 본 식물을 바로 만날 수 있도록 하기 위함이다. 이 책이 고사리를 처음 만나는 독자에게는 길잡이가 되고, 이미 고사리를 키우는 사람에게는 기준을 다시 점검하는 계기가 되기를 바란다.

셜리 히버드

고사리에
대하여

포자로 번식하는 식물

고사리는 씨앗이 아닌 포자로 번식하는 식물이다. 예전에는 이런 식물을 은화식물Cryptogamia이라고 불렀다. '어둠 속에서 결혼식을 치른다'는 뜻이다. 번식 과정이 겉으로는 잘 드러나지 않아 비밀스럽게 이어지는 것처럼 보였기 때문일 것이다.

포자로 번식하는 식물에는 양치류와 이끼, 조류, 균류 등이 있다. 그중에서도 양치류인 고사리는 유난히 품위 있고 우아한 존재로 여겨왔다. 다른 식물들과 자연스럽게 어울리면서도, 자신이 그 공간의 주인인 듯 당당하게 자리를 지키는 식물이기 때문이다.

고사리의 가장 큰 특징은 꽃이 없다는 점이다. 하지만 꽃이 없다고 해서 번식력이 약한 것은 결코 아니다. 대부분의 고사리는 성체가 된 잎의 뒷면에 포자낭을 만들어 포자를 퍼뜨린다. 잎 뒷면에는 갈색이나 붉은빛, 또는 노란빛의 점이나 선, 별 모양 무늬가 붙어 있으며 그 속에 포자가 들어 있다. 이 작은 포자들이 발아하여 새로운 고사리가 태어나는 것이다.

근경에서 잎을 내는 고사리

고사리는 자라는 방식도 다른 식물과 다르다. 우리가 잘 알고 있는 나무나 꽃식물과는 차이가 있다. 나무는 일반적으로 가지 끝에서 다음 계절에 자랄 눈이 미리 만들어지기 때문에 겨울을 나면 정해진 자리에서 새순과 가지가 뻗어나온다.

그러나 고사리는 이러한 방식으로 자라지 않는다. 고사리는 흙 표면을 따라 자라는 근경뿌리줄기에서 새로운 잎이 올라온다. 잎 하나하나가 독립적으로 자라고 사라지며, 나무처럼 형태가 고정되어 있지 않은 것도 가장 큰 차이라고 할 수 있다.

특히 새순이 말린 채로 올라왔다가 천천히 펼쳐지는 모습도 고사리만의 특징이다. 이 과정은 언제 보아도 생동감이 있으며, 고사리가 살아 있다는 느낌을 갖게 하는 대목이기도 하다.

이런 구조적인 차이 때문에 고사리는 땅속에서 양분을 저장하고 새 잎을 준비하는 중심 구조인 근경과 광합성

고사리의 구조

고사리는 양분을 저장하고 다음 생장을 준비하는 근경과 전체 인상을 결정하는 잎몸, 잎몸을 떠받치는 잎자루, 그리고 잎자루에서 이어져 잎을 배열하는 중축으로 이루어져 있다.

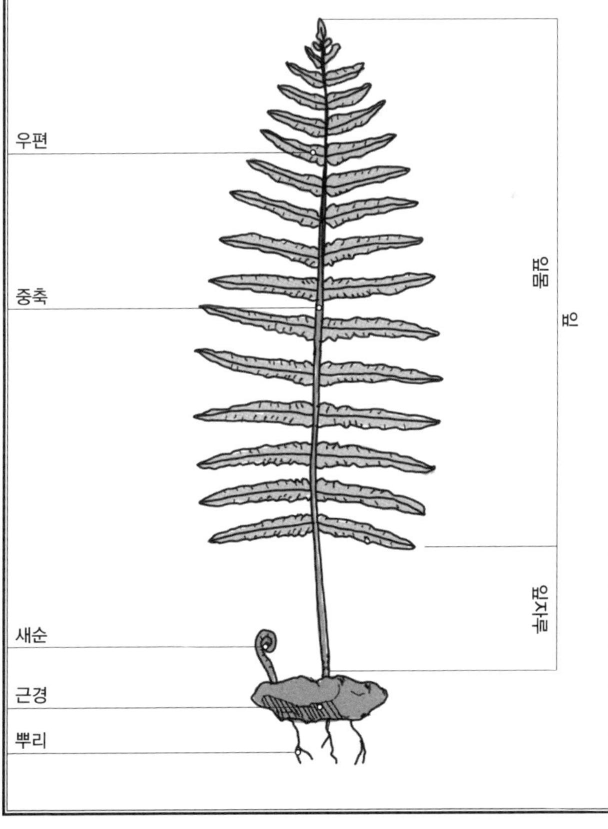

을 담당하며 고사리의 전체 인상을 만드는 넓고 펼쳐진 잎몸frond, 근경에서 잎몸을 들어 올려 지탱하는 잎자루stipe, 그리고 잎자루에서 이어져 잎몸을 달고 있는 줄기인 중축rachis으로 나뉜다. 처음에는 이 용어들이 낯설게 느껴질 수 있지만, 몇 번만 접하면 금세 익숙해질 것이다. 이외의 이름들은 대부분 학명이다.

이름보다 먼저 알아야 할 것

고사리의 세계는 숭고함과 엉뚱함 사이를 오간다. 이슬을 머금은 고사리들이 건강하게 빛나는 모습을 보고 있으면, 이름이 무엇이든 상관없이 그저 반갑고 사랑스럽게 느껴진다. 그러다 문득 이름을 들여다보면, 생각보다 만만치 않다는 사실을 깨닫게 된다. 이를테면 이렇다.

아크로스티쿰 레퀴에니아눔*Acrostichum requienianum*, 알소필라 융후니아나*Alsophila junghuhniana*, 아스피디움 카르빈스키아눔*Aspidium karwinskyanum*, 폴리스티쿰 플라슈니키아눔*Polystichum plaschnichianum*… 이름을 처음 접하면 고개부터 젓게 된다.

하지만 고사리를 좋아한다면 어느 정도는 받아들여야 한다. 수만 종에 이르는 고사리 가운데, 일상적으로 쓰이는 유통명을 가진 종은 극히 일부에 불과하다. 학명을 억지로 쉬

근경의 종류

고사리의 근경은 자라는 방향에 따라 두 가지 유형으로 나눈다. 이 차이를 이해하면 심는 방법과 관리 기준이 분명해진다.

포복형 근경
근경이 땅 위나 흙 표면 가까이에서 옆으로 뻗으며 자란다.

직립형 근경
근경이 위로 쌓이듯 자라며 중심부가 점점 높아진다.

운 말로 바꾸려는 시도 역시 오히려 혼란을 키울 수 있다. 다행인 점은 이름이 어렵다고 해서 식물 키우기가 까다로운 것은 아니라는 점이다. 어려운 것은 고사리 그 자체가 아니라, 고사리를 설명하는 언어일 뿐이다. 이름 때문에 고사리 책이 어렵게 느껴질 수는 있다. 그러나 언젠가 멋진 고사리를 직접 마주하게 된다면, 이 말에 고개를 끄덕이게 될 것이다. 고사리는 생각보다 훨씬 친절한 식물이다.

고사리의 생활사

고사리는 씨앗이 아니라 포자로 번식하는 식물이다. 꽃을 피우고 씨앗을 맺는 식물과 달리, 고사리는 꽃도 씨앗도 만들지 않는다. 대신 잎의 뒷면에 아주 작은 포자낭을 형성하고, 그 안에 수많은 포자를 담아 바람과 물을 따라 퍼뜨린다. 이 포자들은 알맞은 습도와 온도를 만나면 발아해 새로운 생명의 출발점이 된다.

포자는 씨앗보다 구조가 단순하다. 저장된 양분이 거의 없고 보호막도 얇다. 그만큼 발아 조건에 민감하고 환경의 영향을 크게 받는다. 그러나 이 방식은 미숙하거나 뒤처진 전략이 아니다. 씨앗식물이 등장하기 훨씬 이전부터 이어져 온, 가장 오래된 번식 방식이다. 고사리는 지구의 숲과 습지를 아주 오랜 시간 지켜온 식물이다.

고사리의 생활사

고사리는 꽃과 씨앗을 만들지 않고, 잎 뒷면 포자낭 속 아주 작은
포자로 번식한다.

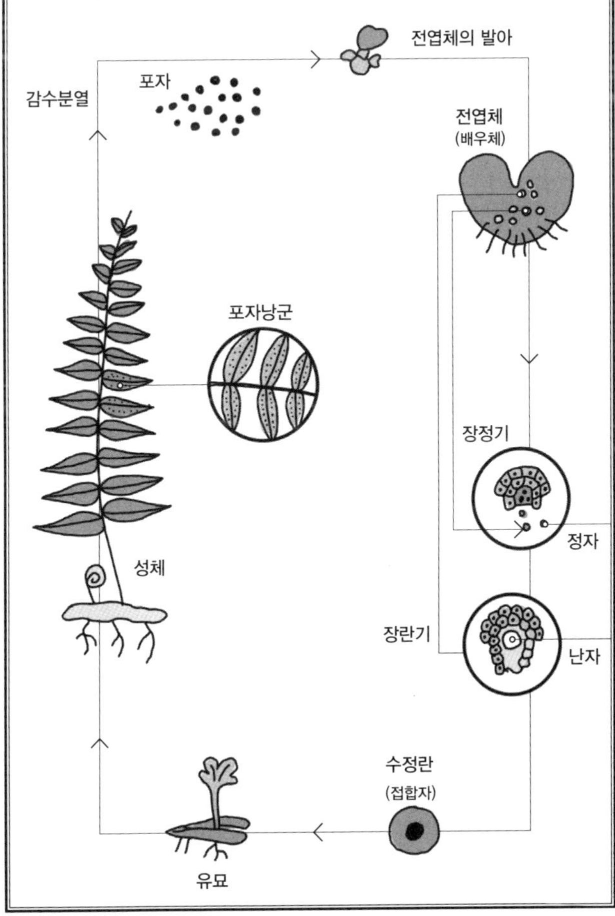

고사리의 번식은 눈에 보이지 않는 두 단계를 거친다. 포자가 곧바로 고사리가 되는 것이 아니라, 먼저 전엽체 prothallium라 불리는 아주 작은 생식체가 만들어진다. 그 위에서 수정이 이루어진 뒤에야 우리가 익숙하게 보는 고사리가 자라기 시작한다. 이 과정 때문에 고사리의 번식은 느리고, 한층 더 신비롭게 느껴진다.

꽃이 없다고 해서 고사리가 약한 식물인 것은 아니다. 고사리는 그늘과 습기, 바위 틈과 숲 바닥처럼 씨앗식물이 버티기 어려운 환경에서도 안정적으로 자리를 잡는다. 화려함 대신 지속성을 선택한 식물이라고 할 수 있다.

고사리를 키운다는 것은 씨앗을 심고 결과를 기다리는 일과는 조금 다르다. 고사리는 먼저 환경이 갖춰지기를 기다린다. 빛과 습도, 공기와 시간이 맞춰졌을 때, 고사리는 아주 조용하지만 분명하게 반응한다. 꽃 대신 잎으로, 씨앗 대신 포자로, 고사리는 지금도 여전히 같은 방식으로 살아가고 있다.

고사리 이름에 너무 얽매지 말자

고사리를 키우다 보면 이름에서 먼저 주눅이 든다. 학명은 길고 낯설고, 유통명은 제각각이다. 같은 식물이 다른 이름으로 불리거나, 같은 이름이 전혀 다른 종을 가리키는 일도 흔하다. 이 때문에 "이름을 정확히 알아야 키울 수 있다"는 부담을 느끼기 쉽다. 하지만 실제 재배에서는 이름이 전부가 아니다.

학명은 식물을 분류하고 구분하기 위한 약속이다. 연구와 기록에는 필수지만, 일상의 재배에서는 환경과 습성이 훨씬 중요하다. 고사리가 그늘을 좋아하는지, 건조에 강한지, 근경이 옆으로 기는지 같은 정보가 이름보다 먼저다. 같은 속에 속한 고사리들은 대체로 비슷한 요구를 보이므로, 정확한 종명을 모른다 해도 관리엔 큰 문제가 없다.

유통명은 더 느슨하다. 판매와 소통을 위해 붙여진 이름이기에 지역과 시기에 따라 달라진다. 유통명이 바뀐다고 식물의 성질이 변하는 것은 아니다. 오히려 유통명에 지나치게 의존하면, 기대와 다른 관리로 실패를 부르는 경우도 있다. 이름 대신 잎의 질감, 생장 속도, 물 반응을 관찰하는 편이 훨씬 정확하다.

이름은 식물을 이해하는 하나의 도구일 뿐, 목적이 아니다. 낯선 이름 앞에서 멈추기보다, 잎의 표정과 성장의 리듬을 읽는 쪽이 고사리를 오래, 즐겁게 키우는 길이다.

고사리의
채집

고사리를 찾는 자리와 시기

고사리는 직접 찾아 나설 때야 비로소 그 아름다움과 매력을 온전히 느낄 수 있다. 울타리 아래나 숲 속 그늘에서부터 바위 틈이나 개천가에 이르기까지, 고사리를 만나는 일은 단순한 식물 관찰을 넘어서는 기쁨이다.

고사리는 늘 사람들이 무심히 지나치는 자리에서 조용히 자란다. 비교적 널리 분포한 식물이어서, 도시든 시골이든 산책길 어디에서나 어렵지 않게 마주칠 수 있다. 멀리 있는 유명한 장소보다 지금 내가 사는 곳 가까이에서 고사리를 이해하는 일이 더 중요하다.

고사리 채집은 여름에 하는 것이 가장 수월하다. 낙엽성 고사리 겨울에 잎을 떨구고, 근경으로 월동한 뒤 봄에 다시 잎을 내는 고사리는 이 시기에 잎이 무성해 눈에 잘 띄고, 자생지를 파악하기에도 쉽다. 다만 옮겨 심기에는 봄이 가장 적합하다. 새순이 올라오는 시기에는 뿌리의 활력이 높아 활착이 빠르기 때문이다. 오래된 잎자국의 배열을 보면 근경이 지나가는 방향을 알 수 있으므로, 그 위치를 가늠한 뒤 근경을 다치지 않게 주변 흙을 충분히 남겨 캐내는 것이 좋다. 채집 후에는 곧바로 심거나 화분에 옮겨, 뿌리가 자리 잡을 때까지 그늘에서 보호한다.

경험이 쌓이면 겨울철에도 채집이 가능하다. 온화한 겨울에는 낙엽성 고사리도 완전히 마르지 않은 채 남아 있는 경우가 있고, 상록성 고사리겨울에도 잎을 유지하며 연중 형태를 간직하는 고사리는 오히려 겨울이 상태를 살피기에 더 적합한 시기이기도 하다. 다만 일반적으로는 여름에 채집하는 것이 가장 안전하며, 이 시기에 옮긴 고사리가 재배 성공률도 높다. 채집 후에는 기존 잎이 떨어지더라도 지나치게 걱정할 필요는 없다. 뿌리만 건강하다면 곧 새 잎이 올라온다.

채집을 위한 준비와 도구

채집에 나설 때는 준비가 중요하다. 숲이나 울타리 주변이라면 뚜껑이 있는 용기 두 개 정도면 충분하다. 더운 날씨에 고사리가 공기에 오래 노출되면 뿌리와 생장점이 쉽게 손상될 수 있다. 수태와 같이 습기를 머금을 수 있는 재료로 감싸주면, 집으로 돌아올 때까지 비교적 신선한 상태를 유지할 수 있다. 채집한 개체는 밀봉 가능한 용기에 담되, 내부가 지나치게 답답해지지 않도록 가끔 열어 환기해주는 편이 좋다.

도구는 스패튤라나 가위 등은 기본으로 챙긴다. 이 도구들은 고사리 주변의 흙을 정리하거나, 함께 자라는 이끼를 흙째로 분리할 때 유용하다. 뿌리가 굵고 단단한 종은 작은 도구만으로는 캐기 어려울 수 있으므로, 상황에 따라 미니 삽을 준비하는 것이 좋다. 어린 고사리나 작은 개체를 다룰 때는 핀셋이 있으면 도움이 된다. 섬세한 뿌리나 이끼 조각을 손상 없이 다루는 데 유용하다.

채집 후 관리와 옮겨 심기

집에 돌아오면 가능한 한 곧바로 심는다. 흙이 지나치게 젖지 않도록 주의하면서 자주 물을 뿌려 촉촉함을 유지하고, 한동안은 그늘에 두어 뿌리가 자리를 잡게 한다.

화분에 심기 어려운 경우에는 그늘진 곳에 작은 흙자리를 마련해 심어도 된다. 피트모스나 부엽토처럼 수분을 머금을 수 있는 흙을 깔고 고사리를 가까이 두어 심은 뒤, 습도를 유지해주면 활착에 도움이 된다. 물은 흙이 마르지 않게 주되, 물이 고이지 않도록 관리한다.

채집 후 정리 과정에서도 몇 가지 도구가 있으면 편리하다. 브러시나 부드러운 붓으로 뿌리에 붙어 있는 흙이나 이

낙엽성 고사리

낙엽성 고사리는 계절이 변하면서 잎이 마르고, 이듬해 봄 근경에서 다시 새잎을 낸다. 잎은 가을이나 겨울에 떨어지지만, 지하의 근경은 살아남아 생명을 이어간다.

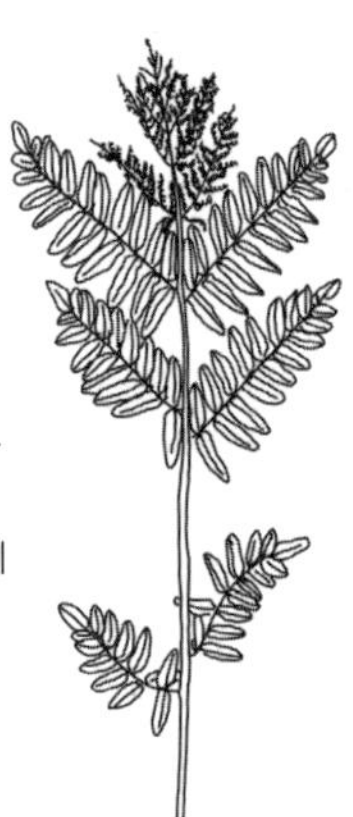

왕관고비
습한 토양과 양지에서 잘 자라며 잎이 '왕관'처럼 화려하게 펼쳐지는 것이 특징이다. 최저생육온도 −21℃로 비교적 저온에 강한 편이다.

관중고사리
산지의 그늘진 곳에서 자라는 고사리로, 굵은 근경에서 잎이 한 송이처럼 올라오고, 잎이 여러 갈래로 잘게 갈라진 모습이 특징이다. 잎 뒷면에는 가운데 맥을 따라 두 줄로 포자낭이 붙는다.

상록성 고사리

상록성 고사리는 계절 변화와 관계없이 잎이
비교적 오래 유지되며, 겨울에도 초록 잎을 지
닌 채 살아간다. 오래된 잎은 점차 교체되지
만, 잎이 한꺼번에 사라지지 않고 근경과 지속
적으로 생장을 이어간다.

보스톤고사리
아치처럼 늘어지는 잎이 특징이다. 그늘이나
밝은 간접광과 높은 습도를 좋아하며, 실내에
서도 비교적 안정적으로 키울 수 있다.

봉의꼬리
잎이 생식엽과 영양엽으로
나뉘는 양치식물이다. 숲 가
장자리나 돌담 틈의 습한 곳
에서 잘 자라며, 비교적 강건
해 관리가 수월하다.

둥지파초일엽
잎이 중심에서 모여 새 둥지처
럼 자란다. 밝은 반그늘과 습한
환경을 좋아하며, 잎 중앙에 물
이 고이지 않게 관리한다.

고사리 채집도구

고사리 채집은 많이 캐는 것보다 덜 건드리고 제대로 옮기는 것이 중요하다. 또한 사유지에서는 허락 없이 채집해서는 안 된다.

가위
손으로 잡아당기지 않고 가위를 사용하여 근경을 끊지 않도록 한다. 필요한 개체만 최소한으로 분리해 군락 전체를 보존한다.

미니삽
고사리 주변의 흙을 넉넉하게 파내기 위한 도구. 뿌리 바로 옆을 건드리지 않고, 뿌리보다 바깥쪽에서 원을 그리듯 파내 근경과 잔뿌리의 손상을 줄인다.

돋보기
잎 뒷면의 포자낭군의 성숙 여부나, 새순의 상태, 병해충의 흔적, 잎의 모양을 관찰할 때 필요하다. 가까이 들여다보면 고사리의 생육 상태를 놓치지 않고 읽을 수 있다.

스패튤라
고사리 아래로 넣어 받쳐 들어 올리는 도구다. 집거나 뜯지 않고 형태를 유지해 옮길 수 있다.

붓
뿌리와 잎에 묻은 흙을 부드럽게 털어내는 데 사용하는 도
구다. 손이나 물로 털어낼 때보다 조직 손상이 적어, 고사리
의 잎맥이나 어린 뿌리를 상하지 않게 정리할 수 있다.

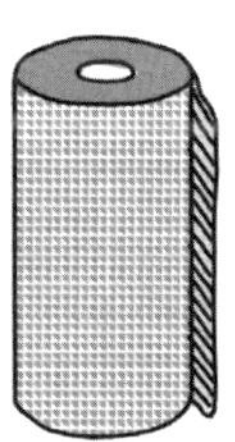

키친타올
채집통 바닥에 깔아 이동 중 고사리가 마르는 것을
막고, 잎과 뿌리 주변의 습도를 안정적으로 유지하
는 역할을 한다. 젖은 수태를 이용해도 좋다.

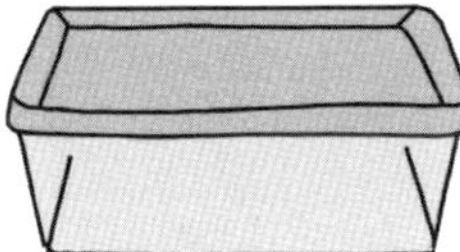

채집통
채집한 고사리를 눌리지 않게 옮기는
임시 보관함이다. 습도를 유지하고 바
람과 직사광선을 막아준다. 작은 리빙
박스가 유용하다.

핀셋
작은 돌조각이나 잔뿌리, 마른 이물질을 하나씩 집어
내 정리하는 데 사용한다. 손가락이 닿기 어려운 근경
주변을 정밀하게 다룰 수 있어, 고사리를 상하지 않게
손질하는 데 좋다.

물질을 가볍게 털어내고, 작업 중에는 작업용 매트나 천 위에 올려두면 주변을 어지럽히지 않고 정리할 수 있다. 필요하다면 장갑을 착용해 손을 보호하고 청결을 유지한다. 고사리의 형태나 상태를 자세히 보고 싶을 때는 휴대용 돋보기가 도움이 될 수 있다.

마지막으로, 고사리는 모두 습한 환경을 좋아하므로 채집 과정에서 마르지 않게 관리하는 것이 가장 중요하다. 또한 지속 가능한 채집을 위해 한 장소의 모든 고사리를 가져오지 않고, 일부만 남겨두는 태도가 필요하다. 이런 작은 배려가 다음 계절에도 같은 자리를 지켜준다.

이 경우 뿌리를 전부 빼내려 애쓰기보다, 새 잎이 나오는 생장점 바로 아래에서 흙과 이끼를 살살 풀어 고사리가 살아서 옮겨질 만큼만 확보하는 편이 현실적이다. 가능하다면 무리한 채집은 피하는 것이 좋다.

바위 틈에서 자라는 고사리는 바위 조각과 함께 채집하는 것이 가장 안전하며, 불가능할 경우에는 뿌리를 최대한 보존한 뒤 이끼나 수태로 감싸 습기를 유지한다.

무분별한 채집은 금물

무엇보다 고사리를 좋아하는 사람이라면 무분별한 채집을 경계해야 한다. 자연에서 자라는 고사리는 전리품이 아니다. 한 자리의 고사리를 모두 가져오는 행위는 결국 자생지를 훼손하는 일이다. 법적인 문제를 떠나, 자연을 대하는 태도의 문제이기도 하다. 일부만 남겨두는 것이 다음 계절에도 같은 자리에서 다시 자라게 한다.

고사리는 부드럽고 유기물이 섞인 흙에서 안정적으로 자라며, 모래 비율이 높거나, 너무 가볍고 물을 오래 머금는 흙에서는 생장이 더디다. 또한 고사리는 습한 환경을 좋아하지만, 뿌리가 물에 잠긴 채 자라는 경우는 거의 없다.

고사리는 물가 가까이에 자리하되, 늘 약간의 경사면이나 둔덕에서 자라는 것을 볼 수 있다. 물은 고이지 않고, 공중 습도가 풍부한 장소를 선호한다.

고사리를 보기 위해서 멀리 떠날 필요는 없다. 고사리가 자연에서 자라는 모습을 천천히 관찰해보자. 자라는 위치와 흙의 상태, 빛과 물의 방향을 유심히 살피다 보면, 재배에 필요한 감각은 자연스럽게 몸에 밸 것이다. 그렇게 만나게 되는 가장 훌륭한 고사리 안내서는 언제나 그렇듯 자연이다.

Check List

고사리를 키우기 전 확인할 것들

- ☐ 습도와 물에 관대한 고사리부터 시작한다.

- ☐ 희귀종보다 흔히 유통되는 종을 고른다.

- ☐ 뿌리와 흙 상태를 먼저 확인한다.

- ☐ 지금의 계절에 맞는 고사리를 선택한다.

- ☐ 새 잎이 나오고 있는지 확인한다.

- ☐ 잎 끝이 마른 흔적은 없는지 살핀다.

- ☐ 구입처와 집의 환경 차이를 고려한다.

- ☐ 잎이 쏠림 없이 균형 있게 자라는지 본다.

틈새형 고사리와
습계형 고사리

돌과 어우러지는 틈새형 고사리

고사리를 관찰하다 보면, 생각보다 많은 고사리들이 흙이 거의 없는 자리에서 살아가고 있다는 사실을 알게 된다. 주로 바위 틈이나 오래된 벽, 돌담 사이처럼 좁은 틈새에서 자라는 고사리들이다. 이 고사리들은 물이 고여 있는 웅덩이나, 빛과 바람이 지나치게 차단된 환경에서는 좀처럼 모습을 드러내지 않는다. 오히려 물은 빠르게 빠지되, 공기와 빛이 드나드는 틈새 환경을 선호한다. 이러한 고사리들을 '틈새형 고사리'라 부른다.

틈새형 고사리는 대부분 크기가 크지 않다. 그리고 바위나 돌과 어우러질 때 가장 아름다운 형태를 드러낸다. 암석 정원이나 돌담, 석축 주변에서 특히 매력적으로 보인다. 다른 고사리보다 조건에는 조금 더 민감한 편이지만, 경험이 쌓일수록 이 부류의 고사리들이 지닌 형태적 아름다움과 독특한 생존 방식에 더욱 흥미를 느끼게 된다.

배수와 통기가 핵심

틈새형 고사리를 잘 키우기 위한 첫 번째 조건은 분명하다. 뿌리 주변에 물이 고이지 않게 하는 것이다. 이 고사리들은 습한 공기를 좋아하지만, 과습에는 매우 취약하다. 특히 암석 정원이나 돌담 주변에 심을 때는 기존 흙을 그대로 사용하기보다는, 고사리 심을 자리를 조금 만들어놓고 그 식물에 맞는 흙을 다시 준비하는 편이 좋다.

식재 자리를 만들 때는 바닥에 마사토나 난석, 굵은 자갈 등을 충분히 깔아 배수층을 만든다. 암석 정원의 돌은 기공이 있거나 물을 머금는 성질을 지닌 것이 좋다. 현무암이나 어느 정도 풍화된 화강암, 또는 다공질의 화산석 등이 특히 잘 어울린다. 이런 돌은 물을 흡수했다가 서서히 내어주어 고사리에게 안정적인 환경을 만들어준다.

배수층 위에는 약 15~20센티미터 정도 흙을 채우고, 표면을 살짝 둔덕처럼 마무리해 물이 고이지 않도록 한다. 이렇게 하면 물은 빠르게 빠지되, 흙 속에는 적당한 습기가 남아 뿌리가 안정적으로 자리 잡는다.

흙 만들기와 심는 방법

틈새형 고사리는 배수가 잘되는 흙에서 가장 안정적으로 자란다. 원예용 상토만으로도 기본적인 조건은 충분히 갖출

틈새형 고사리의 식재

틈새형 고사리는 흙이 두껍게 쌓인 자리보다, 바위와 돌 사이의 좁은 틈에서 안정적으로 자란다. 토양은 많지 않지만 물이 스며들고 공기가 드나드는 환경에서 뿌리를 내린다.

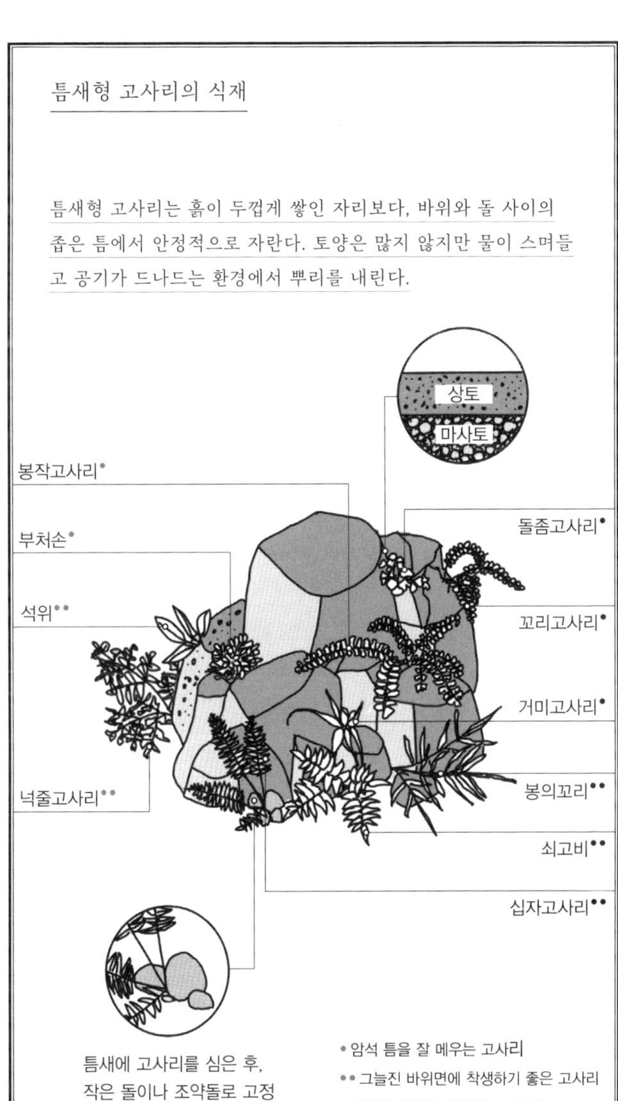

틈새에 고사리를 심은 후, 작은 돌이나 조약돌로 고정한 후, 이끼를 덮어준다.

* 암석 틈을 잘 메우는 고사리
** 그늘진 바위면에 착생하기 좋은 고사리
* 석회암 환경을 좋아하는 고사리
** 암석 앞 가장자리 잘 어울리는 고사리

수 있다. 다만 상토가 지나치게 곱고 물을 오래 머금는 느낌이라면, 마사토나 난석, 굵은 모래를 4분의 1 정도 섞어주면 좋다. 이렇게 하면 물은 잘 빠지면서도 흙 속에는 필요한 습기가 남게 된다.

틈새형 고사리를 키울 때는 흙을 너무 고운 상태로 쓰지 않는 것이 좋다. 아주 어린 모종은 예외지만, 대부분의 경우 흙에 약간의 입자감이 있어야 더 안정적이다. 상토에 거친 입자가 섞여 있으면 뿌리 주변에 공기가 머물 공간이 생기고, 실제 바위 틈과 비슷한 환경이 만들어진다. 이런 흙에서는 고사리가 과습 없이 천천히 자리를 잡을 수 있다.

근경이 옆으로 길게 자라는 고사리는 심을 때 흙을 깊게 덮지 않는다.91p. 흙을 얇게 덮거나, 작은 돌로 살짝 눌러 자리를 잡아주면 된다. 바람에 마르지 않도록 근경과 생장점만 보호해주면 충분하다.

물을 주다 보면 덮어두었던 흙은 자연스럽게 씻겨 내려가고, 근경은 흙 속이 아니라 흙 위, 원래 있어야 할 자리로 다시 놓이게 된다.

틈새형 고사리와 잘 어울리는 자리

틈새형 고사리는 암석 정원에서 특히 매력을 발휘한다. 바위 틈에는 우드풀류나 숫돌담고사리처럼 작고 단단한 고사리들이 잘 어울리며, 봉작고사리나 부처손과는 바위와의 조화가 뛰어나고, 틈새 환경을 안정적으로 채워준다.

석회암 환경을 좋아하는 고사리도 있다. 사철고사리, 돌좀고사리, 꼬리고사리 같은 식물들은 석회암에서 잎이 더 두꺼워지고 윤기가 도는 모습을 보인다. 골고사리 역시 석회암 환경에서 잎의 질감이 단단해져 정원에 생동감을 더해주며, 거미고사리 또한 무성번식하며 자연스럽게 퍼진다.

특히 돌 틈에 자리를 잡은 이끼가 뿌리를 덮어주는 환경에서는 고사리가 스스로 습도를 조절하며 살아간다.

그늘이 지는 바위 면에는 석위나 넉줄고사리, 일엽초 같은 고사리를 착생시키는 것도 좋다. 암석 정원의 앞쪽 가장자리에는 키가 낮은 고사리와 함께 봉의꼬리, 쇠고비, 십자고사리 같은 식물을 섞어 배치하면 안정적인 리듬이 생긴다. 고사리를 배치할 때는 가까이서 보기보다 한 걸음 물러서서 바위와의 조화를 함께 살피는 것이 중요하다. 밀식하되, 고사리 사이로 바위가 드러나도록 구성하면 틈새형 고사리의 매력이 한층 살아난다.

습계형 고사리

습기를 좋아하는 고사리조차도 뿌리가 물속에 담긴 채로 살 수는 없다. 고사리는 촉촉한 토양을 좋아하지만, 물에 잠긴 상태는 견디지 못하기 때문이다. 이처럼 주변에 물이 흐르거나 습도가 높은 환경에서 자라지만, 뿌리 주변에는 항상 공기가 드나드는 조건을 필요로 하는 고사리를 '습계형 고사리'라고 한다. 뿌리 주변의 공기가 완전히 차단되면, 어떤 고사리도 오래 버틸 수 없다. 이 점은 습계형 고사리를 이해하는 데 가장 중요한 출발점이다.

그럼에도 불구하고 우리는 개울가나 연못가, 분수대 주변처럼 늘 물이 있는 장소에 고사리를 심고 싶어진다. 이런 공간은 고사리 특유의 분위기와 잘 어울리고, 실제로도 조건만 맞추면 안정적으로 자라는 종들이 있기 때문이다. 고비과나 처녀고사리, 설설고사리 같은 고사리들은 습한 환경을 좋아하지만, 의외로 어느 정도 건조한 시기도 견뎌내는 종이다. 물이 늘 고여 있는 자리보다는 물이 스며들고 빠지기를 반복하는 토양에서 더 건강하게 자란다.

경사가 있는 습지라면 참새발고사리, 산개고사리, 북새발고사리처럼 개고사리 무리를 심어보는 것도 좋다. 물이 정체되지 않고 흘러내리는 자리에서는 뿌리 주변에 공기가 유지되어, 습계형 고사리가 가장 안정적인 상태를 유지할 수 있다. 핵심은 간단하다. 항상 젖어 있는 흙은 좋지만, 물에 잠기는 자리는 피한다는 것이 원칙이다.

담벼락처럼 흙이 적고 공중 습도가 높은 자리도 습계형

습계형 고사리의 식재

습계형 고사리는 늘 축축한 환경을 좋아하지만, 물에 잠긴 상태로
자라지는 않는다. 담장과 바위, 얕은 물가처럼 습도는 높고 공기
는 흐르는 자리에서 안정적으로 자리 잡는다.

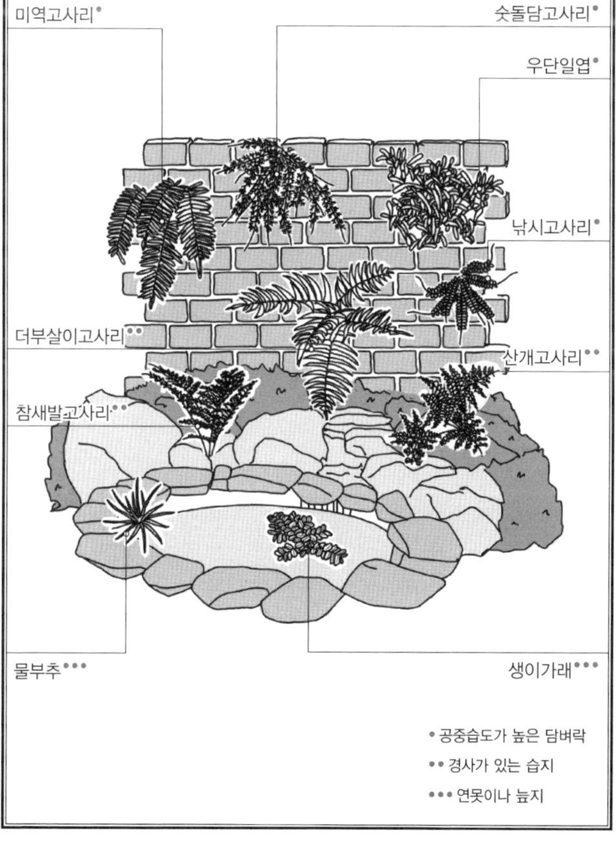

고사리에게는 좋은 무대가 된다. 잎이 아래로 늘어지는 층층고사리, 낚시고사리, 미역고사리, 우단일엽은 이런 공간에서 경관적인 효과가 뛰어나다.

보온이 가능한 환경이라면 더부살이고사리, 숫돌담고사리, 지느러미고사리, 일엽아재비, 버들일엽도 잘 어울린다. 이들은 대부분 소형 고사리로, 이끼가 뿌리를 덮어 습기를 유지해주는 환경을 만들어준다면 특히 안정적으로 자랄 수 있다.

물에 잠기는 자리, 수생 고사리

연못이나 늪지처럼 물이 직접 닿는 공간에서는 선택이 달라진다. 물부추, 네가래, 생이가래, 물고사리처럼 뿌리가 흙에 잠기거나 물속에 있어도 잘 자라는 고사리를 '수생 고사리'라고 한다. 다만 이런 고사리들은 햇빛이 잘 드는 환경이 필요하다. 습계형 고사리와 수생 고사리는 겉보기에는 비슷해 보여도 살아가는 방식은 전혀 다르다.

이처럼 습계형 고사리는 단순히 '물 많은 곳'이 아니라, 흙·공기·습도가 균형을 이루는 자리를 찾아 살아간다. 물은 늘 곁에 있지만, 뿌리는 숨 쉴 수 있어야 한다는 점만 기억한다면, 습계형 고사리는 생각보다 훨씬 다루기 쉬운 고사리이다.

고사리가 바위에서 살아갈 수 있는 이유

고사리를 관찰하다 보면 흙이 거의 없어 보이는 바위 위나 돌담 틈에서 멀쩡하게 자라는 모습을 자주 보게 된다. 뿌리는 어디에 내리고 물과 영양분은 어떻게 얻는지 의문이 들지만, 고사리는 애초에 흙에 깊이 뿌리를 내리는 식물이 아니다. 고사리의 뿌리는 지지와 흡수를 함께 담당하지만, 땅속 깊이 수분을 끌어올리는 구조는 아니다.

고사리의 뿌리는 주변 환경에 스며든 물과 미세한 유기물을 빠르게 받아들이는 데 적합하다. 특히 틈새형 고사리의 뿌리는 매우 섬세해 바위 표면의 균열이나 이끼층 사이로 스며들며, 흙을 움켜쥐기보다 돌 틈에 걸리듯 식물을 고정하는 역할을 한다.

수분 흡수는 뿌리에만 의존하지 않는다. 고사리는 잎과 근경 주변에서도 수분을 받아들이며, 바위가 물을 머금었다가 서서히 내주면서 고사리 전체에 닿는다.

이끼가 함께 자라는 환경에서는 이러한 구조가 더욱 안정된다. 이끼는 바위 위에 얇은 완충층을 만들어 수분을 붙잡고 급격한 건조를 막아준다. 중요한 점은 바위 틈은 배수가 빠르고 공기가 늘 드나들어 뿌리가 숨 쉬기 좋다는 점이다. 고사리가 과습에 약한 이유 역시 수분보다 공기 차단에 더 민감하기 때문이다.

실내에서
고사리 키우기

실내 환경의 기준, 온도와 빛

실내에서 고사리를 키울 때 가장 중요한 요소는 온도이다. 고사리는 생각보다 환경 변화에 강한 식물이지만, 일정한 온도를 유지해주는 것만으로도 키우기의 난이도는 크게 낮아진다. 겨울철엔 15~26도 사이의 온도를 유지해주는 것이 좋다. 온도가 올라가면 수분도 더 많이 필요하므로, 잎 위로 분무하여 증발량을 늘려야 한다.

일반적인 주거 환경에서는 이러한 조건을 충분히 맞출 수 있다. 난방이 이루어지는 실내 공간 자체가 이미 고사리에게는 적절한 환경이 된다. 중요한 것은 온도를 급격하게 변화시키지 않는 것이다. 낮과 밤의 온도 차가 크지 않고, 찬 바람이나 뜨거운 난방 바람이 직접 닿지 않는 자리가 가장 좋다. 냉난방기 바로 앞은 피하고, 겨울철에는 창가의 냉기, 여름철에는 직사광선이 유리창을 통해 그대로 들어오는 상황을 커튼이나 블라인드로 조절해주는 것이 좋다.

빛 역시 중요한 요소다. 고사리는 강한 직사광선보다는 부드러운 간접광을 좋아한다. 남향 창가라면 레이스로 한 겹 가린 빛이 적당하고, 북향이나 동향 창가에서는 창에서 조금 떨어진 자리에서도 충분히 잘 자란다. 빛이 지나치게 부족하면 잎이 가늘어지고 색이 옅어지며, 반대로 햇빛이 강하면 잎 끝이 마르거나 탈색이 일어나기 쉽다. 실내에서는 '밝지만 눈부시지 않은 자리'를 기준으로 삼으면 무리가 없다.

습도와 자리 선택

온도가 올라가면 공중 습도도 함께 관리해주는 것이 좋다. 특히 겨울철 난방으로 인해 실내가 건조해질 때는 잎 위로 가볍게 분무해주거나, 화분 아래에 물받이를 두어 주변 공기가 자연스럽게 촉촉해지게 한다. 이때 물받이에 고인 물에 화분 바닥이 직접 잠기지 않도록 주의해야 한다. 고사리는 습기를 좋아하지만, 뿌리가 젖은 상태는 오래 견디지 못한다.

실내에서 키우는 고사리는 대체로 조용하고 안정적인 환경을 선호한다. 바람이 잦지 않고, 사람의 동선에서 약간 벗어난 자리에서 오히려 더 건강하게 자라는 경우도 많다. 매일 한 번쯤 상태를 살피되, 지나치게 옮기거나 손대지 않는

고사리의 실내 환경

실내 고사리는 급격한 온도 변화 없이 일정한 온도, 강하지 않은
간접광, 적당한 습도를 유지하는 것이 핵심이다. 이 세 조건만 안정
적으로 맞추면, 고사리는 실내에서도 무리 없이 건강하게 자란다.

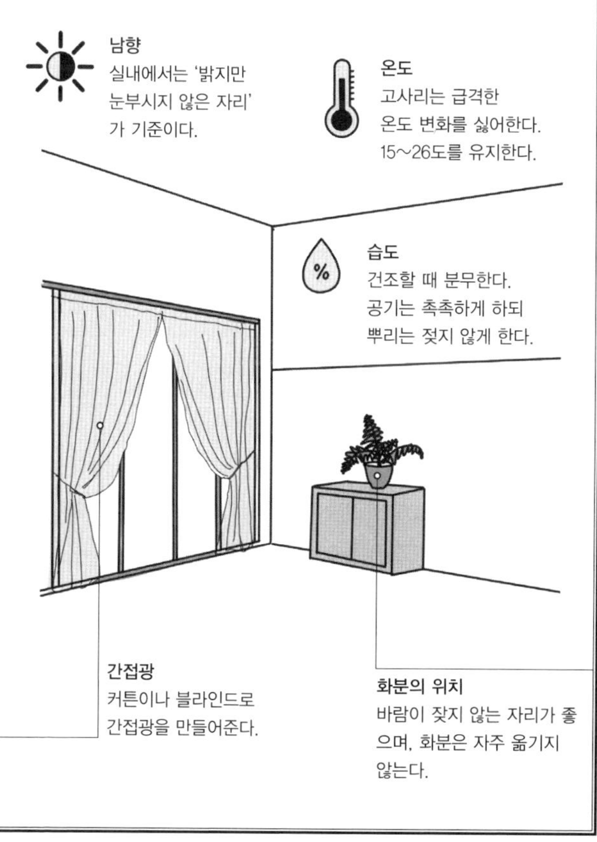

것이 오히려 고사리를 잘 키우는 요령이 된다.

실내 고사리 키우기의 원칙은 복잡하지 않다. 온도와 빛, 습도 — 이 세 가지만 차분히 지켜준다면, 고사리는 우리 집 안에서도 충분히 안정된 표정을 보여줄 것이다.

고사리와 꽃의 공존

고사리는 전 세계의 다양한 기후에서 번성하지만, 일단 재배 환경에 들어오면 거의 일관된 조건에 적응하게 된다. 열대 지방의 예민한 고사리조차도 공중습도와 부드러운 자연광을 유지하면서 연중 높은 온도만 보장된다면 성공적으로 키울 수 있다. 물론 온도의 미세한 차이를 조정해야 하는 상황에서는 식물집사의 판단이 필요한 경우도 있다.

고사리와 꽃을 함께 키우는 경우가 종종 있지만, 사실 두 가지를 모두 만족스럽게 키우기는 어렵다. 고사리는 반그늘과 정체된 공기를 좋아하는 반면, 꽃은 햇빛과 움직이는 공기를 좋아하기 때문이다. 고사리는 공중 습도가 높은 환경을 즐기지만, 많은 꽃식물은 그 정도의 습도를 견디지 못한다. 이 점은 많은 초보 식물집사들이 간과하기 쉬운 부분이다. 환경이 같은 공간 안에서 고사리와 꽃을 함께 키우다 보면 어느 한쪽 또는 둘 다 건강을 잃기 쉽다.

그러나 식물을 신중하게 선택하고 위치를 적절하게 선정

한다면, 일부 꽃식물은 고사리와 함께 키울 수 있다. 예를 들어, 동백나무나 프리뮬라, 시클라멘, 백합, 스타티스 등은 고사리와 잘 어울리며, 이들은 밝은 간접광과 비교적 높은 습도가 있는 자리에 두면 된다. 반면, 제라늄나 칼랑코에, 익소라, 크로톤, 선인장과 다육식물 등은 더 강한 햇빛과 공기가 필요하므로 고사리와의 궁합이 맞지 않다.

반면, 야자류 식물은 고사리와 비슷한 관리 조건을 요구하며 조화롭게 공존할 수 있다. 고사리와 함께 크록시니아, 알로카시아, 칼라디움, 베고니아 등은 함께 키우는 데 무리가 없다. 따라서 고사리와 함께 꽃을 키울 때는 처음부터 신중해야 한다.

키우기 좋은 고사리

현재까지 알려진 고사리의 수는 약 1만 종 안팎에 이른다. 아직 기록되지 않은 종까지 고려하면 그 수는 훨씬 더 많을 것이다. 이 가운데 일부 지역에서는 자생 고사리의 종 수 자체는 많지 않지만, 각 종이 수많은 변종을 만들어왔다는 점에서 특별한 의미를 가진다.

한 예로, 자생 고사리와 그 변종만을 평생 수집하며 키워온 사람들이 있었다. 이들은 '모두를 수집하는 것'보다 '각 고사리의 성격을 이해하는 것'에 더 큰 가치를 두었다. 완전

고사리의 몇몇 종류

현재까지 알려진 고사리는 약 1만 종에 이르며, 지역에 따라 수많은 변종이 존재한다. 모든 고사리를 소장하기보다 각 고사리의 성격과 어울리는 환경을 이해하는 것이 더 중요하다. 외형과 생장 방식이 다른 몇몇 고사리를 통해, 자신에게 맞는 고사리를 찾아보자.

암개고사리
잎이 섬세하고 우아하지만 재배는
쉬운 낙엽성 고사리로, 반그늘의
실내 · 야외 어디서나 잘 자란다.

봉작고사리
밝은 그늘과 높은 공중 습도를 좋아하지만, 실내에서는 환경 변화에 민감해 섬세한 관리가 필요한 고사리다.

북바위고사리
고산 바위 환경을 닮은 서늘하고 통기 좋은
조건에서 잘 자라며, 과보호를 싫어하는 고
사리다.

미역고사리
건조에도 강하고 적응력이 뛰어나며, 나무나
돌에 부착해 키우기 좋은 소박한 고사리다.

꼬리고사리
바위 틈 같은 배수 좋은 환경
을 좋아하며, 서늘하고 건조한
조건에서 잎 배열이 특히 단정
해진다.

한 수집은 애초에 가능하지도, 필요하지도 않기 때문이다. 그 대신 그들은 어떤 고사리가 그늘을 좋아하는지, 어떤 고사리가 공기의 흐름을 필요로 하는지, 또 어떤 고사리가 실내에 잘 어울리며 어떤 고사리가 노지에서 더 빛나는지를 세심하게 관찰했다.

다음은 외형적인 특징이 다른 몇몇 종만 소개해본다. 자신에게 맞는 고사리가 있는지 살펴보는 것만으로도 충분히 의미가 있을 것이다.

봉작고사리

봉작고사리는 흔히 '아디안텀'으로 유통되는 대표적인 고사리다. 따뜻함과 높은 습도, 직사광선을 피한 밝은 그늘을 좋아한다. 온실이나 돌 틈에서 포자로 번식하며 잡초처럼 자라기도 하지만, 실내 환경에서는 관리가 까다로운 편에 속한다.

실내에서 키울 때는 얕고 넓은 화분에 심고, 배수가 잘되는 혼합토를 사용하는 것이 좋다. 공중 습도가 무엇보다 중요하므로, 습도 유지가 가능한 공간이 적합하다. 과습과 건조를 반복하면 잎이 쉽게 상하므로, 물 관리에 특히 주의해야 한다. 인내심을 갖고 천천히 환경을 맞춰주는 것이 핵심이다.

암개고사리

　암개고사리는 비교적 낮은 지역의 산자락이나 숲 속에서 흔하게 자라는 낙엽성 여러해살이 양치식물이다. 잎이 섬세하고 우아하지만, 실제 재배 난이도는 그리 높지 않는다. 반그늘의 실내나 베란다, 혹은 야외 그늘진 공간에서도 잘 자란다.

　어느 정도 물을 좋아하여 유기물이 적당히 섞인 흙에 배수만 확보해주면, 안정적으로 성장한다. 초보자에게도 추천할 만한 고사리다.

미역고사리

　미역고사리는 적응력이 뛰어난 강인한 고사리다. 반그늘의 실내 공간이나 통풍이 좋은 장소에서 안정적으로 자란다. 비교적 건조한 조건에도 잘 견디기 때문에, 물 주기에 자신이 없는 사람에게도 부담이 적다.

　나무판이나 코르크, 돌 위에 부착하여 키우는 방식도 잘 어울린다. 테라리움이나 온실의 구조물을 장식하는 식물로도 적합하다. 형태는 소박하지만 오래 바라볼수록 안정감이 느껴지는 고사리다.

북바위고사리

북바위고사리는 일명 '파슬리 고사리'라고도 불린다. 지나친 관심이 오히려 해가 되는 고사리다. 북극이나 남극을 중심으로 넓게 분포하는 식물로 고산의 바위에서 자란다. 신선한 공기를 좋아하며, 자갈과 부서진 돌, 소량의 모래 섞인 피트모스에 심으면 잘 자란다. 그늘을 좋아하긴 하지만 강한 햇빛에서도 잘 자라는 경우가 더러 있다. 달팽이는 치명적이다. 새로 심은 식물은 충분한 공중 습도가 필요하다.

꼬리고사리

꼬리고사리는 바위 틈과 같은 환경에 잘 적응하는 식물이다. 모래와 돌이 섞인 배수가 좋은 토양을 좋아하며, 공기가 시원하게 흐르는 환경에서 안정적으로 자란다. 직사광선과 과습은 피해야 한다.

꼬리고사리는 야외 정원의 돌 틈에도 특히 잘 자란다. 흙은 난석이나 굵은 입자의 마사토, 모래를 섞은 거친 배합이 적합하다. 보습력이 강한 피트모스나 코코피트처럼 물을 오래 머금는 유기물이 많으면 고사리 생육에는 오히려 해롭다. 고사리는 물을 필요로 하지만, 물이 고이는 환경에는 약하므로 항상 물 빠짐을 우선으로 생각해야 한다.

환경이 맞으면 잎의 배열이 단정하게 유지되며, 작은 공

아디안텀은 왜 어려울까

아디안텀은 고사리를 떠올릴 때 가장 먼저 연상되는 대표적인 식물이다. 가늘고 부드러운 잎과 가벼운 형태 때문에 다루기 쉬워 보이지만, 실제로는 실패 경험이 많은 고사리이기도 하다. 이는 아디안텀이 특별히 약해서라기보다, 우리가 이 식물을 대하는 방식이 그 성격과 어긋나는 경우가 많기 때문이다.

아디안텀은 잎보다 환경의 안정성을 중시하는 고사리다. 공중 습도는 높게 유지되면서도, 뿌리는 항상 숨을 쉴 수 있어야 한다. 이 균형이 깨지면 잎은 빠르게 반응한다. 물을 자주 주면 썩고, 물을 줄이면 곧바로 마르는 극단적인 모습을 보이는데 대부분 이 미묘한 조건이 맞지 않을 때 나타난다.

아디안텀을 키울 때 잎에만 집중하는 것도 흔한 실수다. 잎이 상하면 분무와 물 주기를 늘리지만, 문제는 대개 뿌리 환경에서 시작된다. 배수와 공기층이 무너지면 잎은 그 결과를 먼저 보여준다. 얕고 넓은 화분과 배수가 좋은 흙이 필요한 이유도 여기에 있다.

아디안텀은 습도와 온도가 비교적 안정된 공간에서 성격이 분명해진다. 반대로 일반 실내에서 개방된 상태로 키우면 작은 변화에도 크게 반응한다. 결국 아디안텀이 어렵게 느껴지는 이유는 까다로워서가 아니라, 요구 조건이 분명하기 때문이다.

간에서도 안정적인 모습을 보여 준다. 다만 민달팽이와 같은 해충에는 취약하므로 세심한 보호가 필요하다. 꼬리고사리는 과도한 관리보다는, 서늘하고 건조한 틈새 환경을 마련해주는 것이 핵심이다.

화분에서
고사리 키우기

식물의 성질을 익히자

고사리는 화분에서 충분히 아름답게 키울 수 있는 식물이다. 다만 정원에서보다 더 많은 관찰과 손길이 필요하다. 정원에서는 고사리가 비교적 스스로 균형을 잡아가지만, 화분에서 키우는 고사리는 식물집사의 관리에 훨씬 더 의존하기 때문이다.

처음 몇 번 실패한다고 해서 낙심할 필요는 없다. 화분에서 고사리를 키우는 데는 분명 익숙해져야 할 감각이 있다. 가장 좋은 출발점은 쉽게 구할 수 있는 강인한 고사리부터 키워보는 것이다. 손에 익기 전까지는 희귀종이나 고가의 품종을 키우지 않는 것이 좋다.

식물을 잘 키우는 가장 확실한 방법은 그 식물의 성질을 몸으로 익히는 것이다. 고사리도 마찬가지다. 몇 종을 직접 키워보며 물 주는 감각과 잎의 반응을 살피고, 계절에 따른 변화를 경험해야 한다. 이런 경험이 쌓이면 이후 더 많은 시간과 비용을 들였을 때 그만한 보상을 받을 수 있을 것이다. 반대로 처음부터 너무 많은 것을 시도하게 되면 실패가 겹치기 쉽고, 그만큼 열정도 빠르게 소진된다.

화분의 선택

이제 막 고사리를 키우기 시작한 초보 식물집사에게 고사리를 추천한다면 다음의 종들을 소개하고 싶다. 관중, 미역고사리, 암개고사리_{또는 개고사리}, 고비, 골고사리, 도깨비쇠고비, 새깃아재비 등이다.

이들은 구하기도 쉽고 가격도 안정적이다. 어린 개체라면 지름 약 12cm 정도의 화분에서도 시작할 수 있다. 다만 화분의 크기는 항상 식물의 상태에 맞춰 조절해야 한다. 뿌리를 억지로 제한하지 않으면서도, 지나치게 큰 화분은 피하는 것이 좋다. 식물의 성장 속도에 맞춰 한 단계씩 키워서 분갈이하는 것이 처음부터 큰 화분에 심는 것보다 훨씬 안정적이다.

화분은 반드시 배수 구멍이 있는 것을 사용해야 하며, 사용 전에는 깨끗이 씻어 준비한다. 오염된 화분은 병원균 문제를 일으키기 쉽다.

흙 배합하기

이 고사리들에게 공통으로 잘 맞는 배합토는 생각보다 단순하다. 피트모스50%를 기본으로 하고, 여기에 부엽토30%와 마사토 또는 굵은 모래20%를 섞어 통기성과 배수를 보완하면 된다원예용 상토의 경우 70%, 15%, 15%. 배합토는 손으로 쥐었을 때 너무 고운 느낌보다는 약간의 덩어리감이 느껴지는 정도가 좋다.

흙은 체에 곱게 거르지 않는 것이 원칙이다. 아주 어린 모종의 경우를 제외하면, 고운 흙만으로 구성된 배합토는 고사리를 키우는 데 적합하지 않다. 작은 흙 덩어리가 섞여 있어야 뿌리가 숨을 쉬고, 과습으로 인한 문제도 줄일 수 있다. 배합이 잘된 흙은 밝은 갈색을 띠며, 마사토나 모래 입자가 눈에 보인다.

화분에 고사리 심는 법

화분에 심을 때는 바닥에 배수망을 깔고, 난석이나 굵은 자갈을 얇게 깐다. 그 위에 흙을 조금 채운 뒤, 왼손으로 고사리를 잡고 생장점이 화분의 중심에 오도록 놓는다. 이때 생장점의 높이는 화분 흙 표면과 같아지도록 맞춘다. 이후 흙을 덮으면서 뿌리를 하나하나 펼쳐, 뭉치지 않도록 정리한다.

왼손으로 고사리를 고정한 상태에서 오른손으로 흙을 채워, 화분 입구 바로 아래까지 채운다. 흙은 한 번에 모두 넣지 말고, 두 손의 엄지손가락으로 흙을 가볍게 눌러 고정한 뒤 화분을 천천히 돌려가며 빈 곳을 확인해 조금씩 보충한다. 마무리되면 흙과 화분 상단 사이에 약 1.5cm 정도의 물 주기 공간이 남도록 한다.

화분에서 식물을 성공적으로 키우는 가장 중요한 원칙은, 뿌리가 흔들리지 않도록 안정적으로 심는 것이다. 뿌리 주위의 흙을 가볍게 눌러 고정하는 일을 두려워하지 말고, 마무리할 때는 화분 바닥을 가볍게 두드려 흙이 고르게 내려 앉도록 한다. 느슨하게 심으면 어떤 식물도 제대로 자리 잡기 어렵다.

이렇게 심은 고사리는 최소 1년 동안은 자리를 자주 옮기지 말고, 조용히 자라도록 두는 것이 좋다. 건조하지 않으면서도 바람과 직사광선으로부터 어느 정도 보호되는 장소가 알맞다. 화분을 놓는 바닥은 물 빠짐이 잘되도록 관리하고, 사계절 내내 물 주기와 고사리의 상태를 확인하기 좋은 장소를 선택해야 관리하기가 좋다. 고사리는 언제든 화분에 심을 수 있지만, 새순이 막 올라오기 시작하는 시기에 맞추는 것이 가장 안정적이다.

고사리의 화분 식재

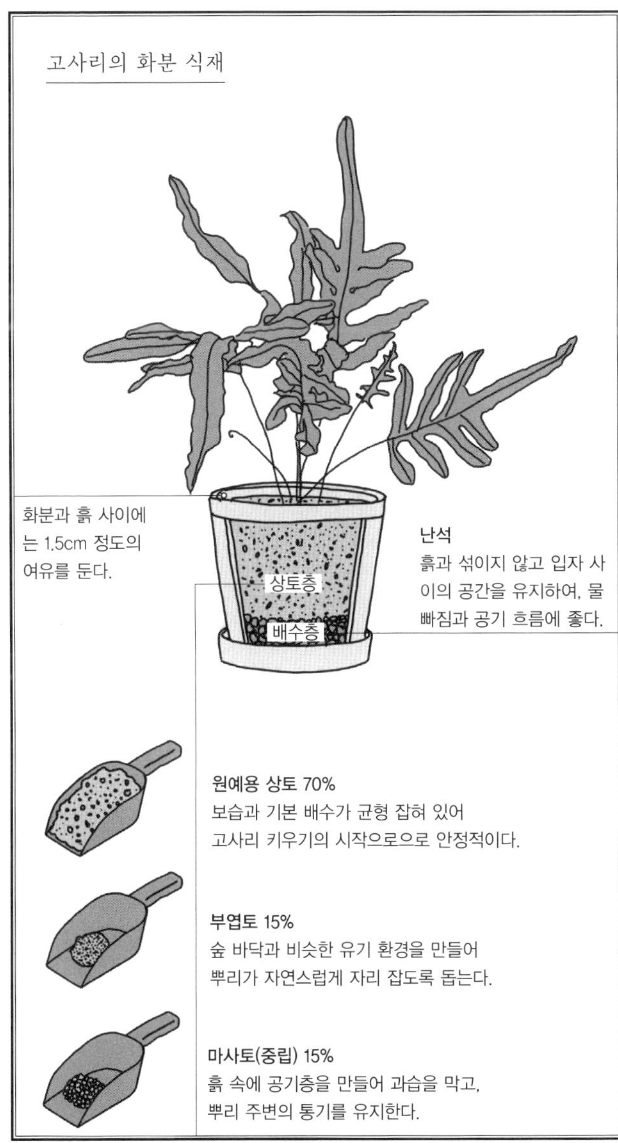

화분과 흙 사이에는 1.5cm 정도의 여유를 둔다.

난석
흙과 섞이지 않고 입자 사이의 공간을 유지하여, 물 빠짐과 공기 흐름에 좋다.

원예용 상토 70%
보습과 기본 배수가 균형 잡혀 있어
고사리 키우기의 시작으로으로 안정적이다.

부엽토 15%
숲 바닥과 비슷한 유기 환경을 만들어
뿌리가 자연스럽게 자리 잡도록 돕는다.

마사토(중립) 15%
흙 속에 공기층을 만들어 과습을 막고,
뿌리 주변의 통기를 유지한다.

물과 빛, 그리고 공기

3~5월 사이에 화분에 심었다고 가정해본다. 이때 가장 먼저 해야 할 일은 물 주기다. 처음에는 샤워형 물조리개를 사용하는 편이 좋다. 고사리 키우기에 익숙해지면 직수형 물조리개를 사용해도 무방하지만, 초반에는 물줄기 조절이 어렵기 때문이다. 물줄기가 강하면 화분 속 흙이 씻겨 내려가 절반 가까이 드러나는 상황이 생길 수 있다.

여름 동안에는 최소한 격일로 물을 주어야 하며, 잎 전체가 고르게 젖고 흙 속까지 충분히 촉촉해지도록 물을 준다. 날씨가 매우 덥고 건조할 때는 매일 물을 주어야 할 수도 있다. 한여름처럼 기온이 높은 시기에는 하루에 두 번 물을 주는 편이 오히려 안전하다.

물 주기만큼 중요한 것이 공기와 빛의 관리다. 화분이 남향에 놓여 있다면 직사광선이 닿지 않도록 레이스 커튼 등으로 빛을 걸러 간접광을 받게 한다. 이러한 상태는 대체로 5월부터 9월까지 낮 동안 유지한다. 해가 질 무렵에는 커튼을 걷어 남아 있는 햇빛을 최대한 오래 받게 한다. 야외에 화분을 두고 있다면 밤에는 자연스럽게 이슬을 맞게 둔다. 다음 날 아침에는 오전 9시까지 부드러운 햇빛을 충분히 받게 한다.

Check List

화분에서 고사리 키우기 원칙

아래 체크리스트는 흙, 물, 빛, 공기의 균형이 고사리에게 맞게 설정되어 있는지 점검하기 위한 기준이다. 빠르게 키우는 것보다 고사리의 속도에 맞춰 환경을 조정하는 데 목적을 둔다.

- ☐ 자연에서 자라는 고사리의 모습을 먼저 떠올린다.

- ☐ 원예용 상토에 부엽토, 마사토를 배합한 흙을 쓴다.

- ☐ 화분에는 뿌리가 흔들리지 않게 심는다.

- ☐ 심은 뒤 화분을 바닥에 가볍게 두드려 흙을 밀착한다.

- ☐ 화분 크기는 한 번에 키우지 말고 식물의 성장 단계에 따라 큰 화분으로 옮겨 심는다.

- ☐ 물은 자주 주되 화분 안에 고이지 않도록 관리한다.

- ☐ 여름엔 뿌리를 충분히 주고 겨울엔 생장점을 말리지 않는다.

- ☐ 고사리는 습기를 좋아하지만 잠긴 상태는 싫어한다.

- ☐ 빛은 부드럽게 하고 공기는 항상 흐르게 유지한다.

- ☐ 몇 종을 꾸준히 키우면서 물을 주는 감각과 성장리듬을 파악한다.

- ☐ 조급해하지 말고 관찰하고 반복하는 과정을 즐긴다.

실내에 만드는 작은 숲

수많은 고사리 식물집사들은 거실 한편에 놓인 작은 테라리움 하나로 고사리 정원을 가꾸고 있다. 정원이 없는 집에서도, 햇빛과 바람이 부족한 공간에서도 테라리움은 숲의 한 조각을 실내로 들여오는 데 효과적인 방법이다. 뚜껑을 잠시 여는 것만으로도 숲 속 골짜기를 떠올리게 하는 공기가 방 안으로 천천히 퍼진다.

'테라리움'은 너새니얼 워드가 발명한 워디언 케이스 Wardian case가 시초다. 이 발명품은 외래 식물을 영국으로 들여오는 데 큰 기여를 했고, 지금의 관상을 목적으로 한 테라리움에 이르게 되었다.

테라리움은 유리로 둘러싸인 작은 생태계다. 외부 환경과는 분리되어 있지만 완전히 차단된 공간은 아니다. 이 안에서는 습도와 공기, 빛이 서로 균형을 이루며 고사리와 이끼가 살아간다. 그래서 테라리움은 단순한 장식품이 아니라,

식물이 살아가기 위한 환경을 축소하여 옮겨놓은 구조물이라고 할 수 있다.

가장 단순한 테라리움은 화분 위를 유리 돔으로 덮는 형태라고 할 수 있다. 구조가 간단하고 관리가 쉬워 초보자에게 잘 맞는다. 유리병 형태로 된 테라리움은 조금 더 정돈된 미니어처 정원을 만들 수 있다. 물론 사각 프레임으로 제작된 다양한 테라리움도 있지만, 실제 관리와 생육을 고려한다면 유리 용기에 식물을 넣어 키우는 것이 가장 쉽고 안전하다. 유리 용기가 내부를 관찰하기 쉬울 뿐더러, 환기와 물 관리가 수월하고 별도의 장비가 필요하지 않기 때문이다.

밀폐와 환기의 균형

테라리움의 핵심은 완전한 밀폐가 아니라, 조절이 가능한 밀폐라고 할 수 있다. 유리 안쪽에 물방울이 맺혀 있는 동안은 습도가 유지되지만, 반드시 일정한 간격으로 환기를 해주어야 한다. 보통 일주일에 두세 번, 유리를 잠시 들어 올려 30분에서 한 시간 정도 공기를 통하게 하면 충분하다. 이 과정은 내부에 머무는 과도한 습기를 빼주고 곰팡이의 발생을 막아준다.

환기를 할 때는 신중해야 한다. 실내 공기가 지나치게 건조하거나 더운 상태에서 오랫동안 열어두면 고사리에게 부

테라리움의 원리와 바닥층

테라리움은 밀폐된 공간 안에서 물이 증발과 응결을 반복하고,
빛과 미생물이 균형을 이루며 스스로 유지되는 작은 생태계의
구조다.

담을 줄 수 있다. 가장 안전한 방법은 유리를 들어 올려 내부 유리면에 생긴 결로를 마른 천으로 닦은 뒤, 곧바로 다시 덮는 것이다. 이렇게 하면 공기가 순환되면서도 테라리움을 열어둔 채로 잊어버리는 실수를 피할 수 있다.

테라리움 유리 용기를 고를 때는 유리 뚜껑이 지나치게 꼭 맞지 않도록 주의해야 한다. 내부 공기가 데워졌을 때 빠져나갈 여유가 없으면 식물에 부담을 줄 수 있기 때문이다. 느슨하지만 안정적으로 맞물리는 구조가 가장 이상적이다.

흙의 준비와 식재 방법

식재 용기의 바닥에는 난석을 깔아 배수층을 확보하고 그 위에 식재층을 올린다. 흙은 원예용 상토나 피트모스를 기본으로 하되 마사토나 굵은 모래, 잘게 부순 숯 등을 섞어 사용하는 것이 좋다. 배합토는 손으로 쥐었을 때 작은 덩어리가 살아 있는 느낌이 좋다.

용기에 흙을 채운 뒤에는 끓는 물을 아주 천천히 부어 배수층까지 충분히 적셔준다. 이것은 흙 속에 숨어 있을 수 있는 곤충이나 알, 잡초의 씨앗을 줄이기 위한 과정이다. 이때 물줄기는 가늘게 유지하고, 흙을 파내듯이 붓지 않도록 주의한다. 유리 가장자리에 직접 닿지 않게 중앙 쪽에서 시작해 흘려 보내듯 붓는 것이 좋다. 물이 충분히 식었다면, 고사리를 심는다.

식재가 끝나면 미리 준비해둔 고운 흙으로 보충을 해준다. 이후에는 흙이 마르지 않도록만 관리하면 되며, 물을 자주 주는 것은 오히려 실패의 원인이 될 수 있다.

테라리움은 손이 많이 가는 방식이 아니다. 자주 들여다보되, 불필요하게 손대지 않는 것이 중요하다. 구조가 단순할수록 관리가 쉽고, 식물도 더 안정적으로 자라게 된다. 화려한 외형보다 고사리가 실제로 살아갈 수 있는 환경인지를 먼저 고려해야 한다.

테라리움에 키우기 좋은 고사리

테라리움에서 키우기에 초보자도 쉽게 다룰 수 있으면서 관상 가치가 충분한 고사리들도 있다. 물을 과하게 주지 않고 밝은 간접광만 확보해준다면, 자주 손을 대지 않아도 안정적으로 자란다. 관리 부담이 적으면서도 잎의 형태와 색감이 좋아, 테라리움을 처음 시작하는 식물집사에게 잘 맞는다.

이런 조건에 잘 맞는 고사리로는 넉줄고사리, 골고사리, 꼬리고사리, 봉작고사리 등이 있다. 이들은 환경 변화에 비교적 관대하며, 테라리움 안에서도 생육 상태와 관상성을 안정적으로 유지한다.

물은 잠기지 않게 준다

테라리움 관리에서 반드시 짚고 가야 할 점이 있다. 테라리움 안의 고사리는 처음부터 끝까지 물에 잠기지 않도록 관리해야 한다. 이것은 고사리 테라리움을 관리하는 데 가장 흔하게 겪는 실수다. 이 한 가지만 기억해도, 테라리움 관리의 절반은 성공한 셈이다.

흙이 적당히 촉촉하다면 뿌리에 직접 물을 줄 필요는 없다. 오히려 대부분의 경우 잎에 가볍게 분무해주는 것이 더 효과적이다. 겨울에는 이 점을 조심해야 한다. 특히 금고사리99p.는 물방울이 직접 닿지 않도록 관리해야 한다. 금고사리의 분말층은 한 번 씻겨 나가면 회복이 어렵기 때문이다. 분무할 때는 잎을 적신다는 느낌보다, 테라리움 안의 공기를 촉촉하게 유지한다는 느낌으로 분무해야 한다.

공기 흐름은 최소한으로

공기의 공급 역시 규칙적으로 하되 신중해야 한다. 갑작스럽게 강한 바람을 유입한다면 고사리에게 큰 피해를 줄 수 있다. 먼지도 최대한 차단해야 한다. 집 안 청소 중이거나 창문과 문이 동시에 열려 바람이 통하는 상황에서는 테라리움 케이스를 열지 않는 것이 좋다. 환기는 환경을 바꾸는 일이 아니라, 균형을 조정하는 일에 가깝다는 점을 기억해야 한다.

테라리움에서는 여러 종류의 해충이 발생할 수 있다. 민달팽이나 초파리 등이 대표적이다. 의심되는 틈에는 신선한 상추 잎을 끼워 넣고, 이끼 아래에는 사과 조각을 놓으면 간단하게 유인할 수 있다. 단, 미끼는 매일 확인하고, 항상 신선한 상태로 유지해야 한다.

진딧물이나 초파리가 보인다면 이는 대부분 통풍 부족의 신호이므로, 부드러운 붓으로 제거한 뒤 환기 빈도를 늘려 환경을 조정하면 된다.

생장과 관상을 동시에 관리

테라리움 안에 작은 돌을 더하면 고사리의 생장을 돕는 동시에 관상 효과를 얻을 수 있다. 이때 현무암이나 화산석과 같은 재료를 함께 사용하면 무리 없이 자연스러운 지형을 만들 수 있다. 이런 재료들은 색감이 과하지 않고, 시간이 지나면 이끼가 자리를 잡아 풍경을 완성하게 된다.

다만 장식도 중요하지만 고사리의 건강이 우선되어야 한다. 구조물과 장식은 어디까지나 고사리를 돕기 위한 수단이지, 목적이 되어서는 안 된다.

코코넛 행잉볼의 활용

　좀더 큰 테라리움 케이스라면 고사리를 매달아 키울 수도 있다. 코코넛의 바깥 섬유질 껍질을 사용할 수도 있고, 단단한 속껍질을 사용할 수도 있지만 일반적으로는 속껍질이 더 적합하다. 가장자리를 깔끔하게 쪼개 반으로 나누면 훌륭한 바구니가 된다. 가장자리가 많이 울퉁불퉁하다면, 톱으로 고르게 다듬으면 되지만 약간의 인내가 필요하다.

　구멍은 반드시 인두를 사용하여 뚫어야 한다. 껍질은 송곳이나 드릴로 뚫으면 갈라지기 쉽다. 껍질 하단에 구멍 3개를 뚫어 배수 구멍을 내고, 가장자리에는 아주 작은 구멍 3개를 더 뚫어 끈으로 매단다.

　그 후, 고사리 뿌리에 흙을 털어내고 뿌리를 수태로 감싼 뒤 코코넛 껍질 안쪽에 넣으면 된다. 코코넛 껍질에 1센티미터 간격으로 구멍을 뚫으면, 시간이 경과하면서 각각의 구멍마다 생장점이 자라 나와, 껍질 바깥을 잎으로 완전히 덮게 된다.

　물을 줄 때는 코코넛 바구니째로 물이 담긴 용기에 담근다. 약 15분 정도 지나면 충분히 물을 머금게 된다. 이후 꺼내어 몇 분간 물기를 떨어뜨린 뒤 다시 매달면 된다.

Check List

테라리움을 위한 체크리스트

테라리움을 시작하기 전에 구조와 관리 방향이 고사리에 맞게 설정되어 있는지 점검해보자. 완벽한 세팅보다 중요한 것은, 습도와 통풍의 균형이 무너지지 않도록 흐름을 만드는 일이다.

- ☐ 단순한 구조의 테라리움을 사용한다.
- ☐ 완전히 밀폐를 하지 말고 주 2~3회 짧게 환기한다.
- ☐ 밝은 간접광에 두고 직사광선은 피한다.
- ☐ 습기는 유지하되 흙이 늘 젖어 있지 않게 한다.
- ☐ 물은 흙 표면이 마를 때만 조금 준다.
- ☐ 상토를 기반으로 한 혼합토를 쓴다.
- ☐ 난석으로 배수층을 만든다.
- ☐ 잦은 손질보다 관찰 위주로 관리한다.
- ☐ 환기할 때 유리를 닦는다.

고사리를 위한 온실

고사리는 실내나 베란다만으로도 충분히 만족스럽게 키울 수 있다. 그럼에도 불구하고 마당이 있는 집이라면 고사리를 안정적으로 키우는 데 온실만큼 좋은 대안은 없다. 특히 온실은 마당과 실내 그 중간 단계로서 중요한 의미를 가진다.

위치와 구조가 중요하다

고사리 온실은 난방 장치를 갖추는 경우도 있지만 반드시 필요한 것은 아니다. 중요한 것은 온실의 규모보다 위치와 구조, 그리고 내부 환경의 안정성이다. 실제로 완성도가 높은 고사리 온실은 크기보다 조건이 잘 갖춰진 경우가 많다.

온실을 설치하기에 가장 좋은 자리는 집의 벽면과 맞닿은 곳이다. 특히 북향이나 직사광선이 들지 않는 서늘한 방향이 좋다. 공간 활용이 애매한 벽면이나 구석은 그대로 두면 쓸모가 없지만, 작은 온실로 바꾼다면 정원의 일부로 자연스럽게 흡수될 수 있다. 집과 완전히 분리되지 않으면서도 고사리를 위한 비교적 안정적인 환경을 만들 수 있기 때문이다.

고사리 온실의 지붕은 유리나 투명 자재로 만든다. 지붕의 한쪽은 완만하게 경사를 주고, 출입문은 직사광선이 덜 드는 방향으로 배치하는 것이 좋다. 이렇게 하면 내부 온도가 급격히 오르내리는 일을 줄일 수 있다. 처음부터 고사리를 위한 공간으로 계획하는 것을 목적으로 하되, 규모는 크지 않아도 된다.

온실의 식재층 쌓기

온실 내부를 조성할 때는 바닥의 기존 단을 정리하고, 간단한 암석 정원 형태로 구조를 잡는 것이 가장 이상적이다. 바닥에는 자갈과 마사토를 깔아 배수가 잘되도록 하고, 한쪽으로 물이 흐를 수 있도록 완만한 경사를 주는 것이 좋다. 복잡한 배수 장치가 꼭 필요한 것은 아니다.

그 위로 현무암이나 화강암, 다공질의 화산석을 경사지게 쌓아올리고, 벽면과 맞닿은 부분은 벽돌이나 자연석을 바짝 붙여, 그 사이에 황토나 점토질의 흙으로 채워 단단히 고정한다.

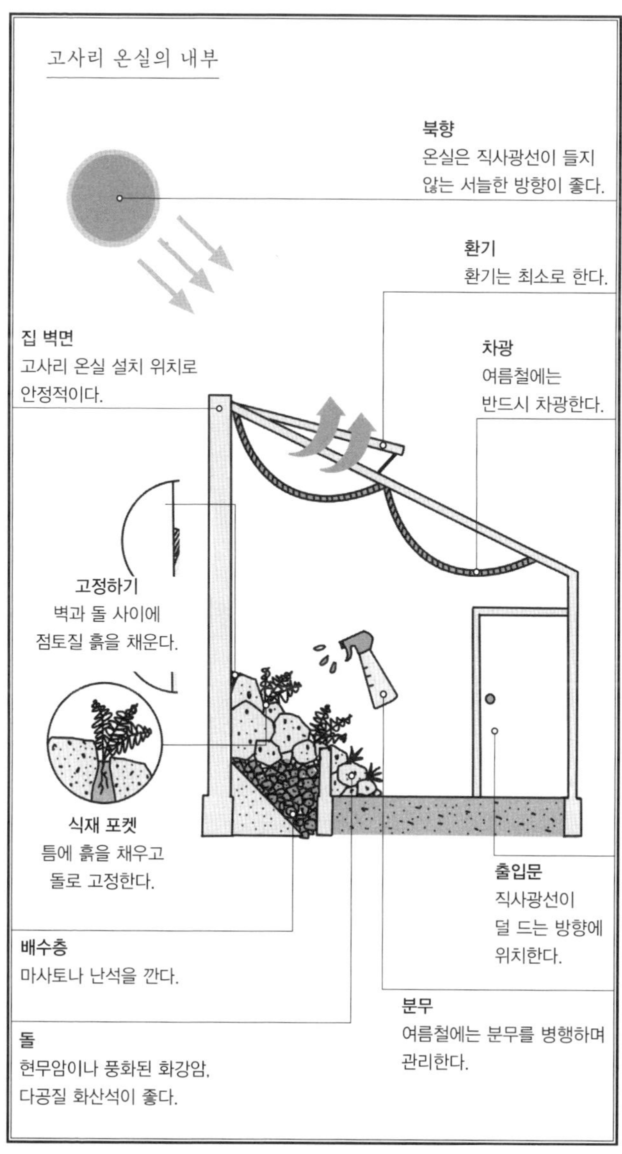
고사리 온실의 내부

북향
온실은 직사광선이 들지
않는 서늘한 방향이 좋다.

환기
환기는 최소로 한다.

차광
여름철에는
반드시 차광한다.

집 벽면
고사리 온실 설치 위치로
안정적이다.

고정하기
벽과 돌 사이에
점토질 흙을 채운다.

식재 포켓
틈에 흙을 채우고
돌로 고정한다.

출입문
직사광선이
덜 드는 방향에
위치한다.

배수층
마사토나 난석을 깐다.

분무
여름철에는 분무를 병행하며
관리한다.

돌
현무암이나 풍화된 화강암,
다공질 화산석이 좋다.

온실의 핵심, 식재 포켓 만들기

온실 조성의 핵심은 고사리를 심을 수 있는 식재 포켓을 만드는 것이다. 벽면과 암석 사이 또는 암석과 암석 사이에 흙이 머무를 수 있는 공간을 확보하여 식재 포켓을 만들고, 그 자리에 고사리를 심는 것이다. 이 방식이 가장 안정적으로 뿌리를 내리게 한다.

온실에는 상시 난방을 하지 않아도 된다. 다만 한쪽 벽이 주거 공간과 맞닿아 있도록 배치하면, 벽체의 열이 외기보다 온도를 완화해주는 역할을 할 수 있다. 기온이 크게 떨어지는 시기에는 보조 난방기를 잠시 사용하면 충분하다.

고사리 온실의 장점은 반내한성 고사리를 안전하게 키울 수 있다는 것이다. 야외에서는 거칠게 자라던 고사리들도 온실 안에서는 잎 결이 고르고 정제된 모습을 유지하게 된다. 관리가 잘된 온실은 겨울철에도 충분히 감상이 가능한 작은 정원으로 역할을 하게 된다.

온실의 관리

관리 방식은 물 주는 리듬을 일정하게 유지하는 데서 시작한다. 번식력이 강한 종은 다른 고사리를 덮지 않도록 주기적으로 정리해야 한다. 여름철에는 반드시 차광을 해주고, 직사광선이 새잎에 닿지 않도록 주의한다.

온실이 북향이라면 하루 한 번, 짧은 시간 환기하는 정도로도 충분하다. 반대로 햇빛이 강하게 드는 위치라면 환기를 적극적으로 하고, 차광을 통해 직사광선을 줄이는 동시에 분무로 공기 중 습도를 보완한다. 이런 이유로 고사리 온실은 처음부터 그늘진 자리에 설치하는 편이 관리하기 수월하다. 내부에 암석 정원이나 식재 공간을 만들 때는 고사리가 뿌리를 안정적으로 내릴 수 있도록 흙의 깊이를 최소 15cm 이상 확보해야 한다.

고사리 온실은 모든 식물집사에게 필요한 시설은 아니다. 그러나 정원이나 마당이 있는 환경에서 고사리를 오랫동안 관리하며 깊이 있게 키우려고 한다면 충분히 참고해 볼 만한 선택지다. 위의 조건을 하나씩 갖춰 나가면, 과하지 않으면서도 안정적인 고사리 온실을 만들 수 있다.

고사리 온실을 위한 체크리스트

고사리 온실은 크기보다 구조와 흐름이 중요하다. 온실을 설치하기 전 단계에서 환경을 점검하고, 고사리가 오래 안정적으로 자랄 수 있는 조건이 갖추어졌는지 확인한다.

- ☐ 직사광선이 오래 머무르지 않는 위치다.
- ☐ 온실이 집의 벽면과 맞닿은 곳에 설치할 수 있다.
- ☐ 여름철 차광과 환기가 동시에 가능한 구조로 계획한다.
- ☐ 자갈에 경사를 두어 물이 자연스럽게 빠지게 한다.
- ☐ 암석 사이에 고사리 식재 포켓을 충분히 만든다.
- ☐ 식재 공간에 뿌리를 내릴 만큼의 흙 깊이를 확보한다.
- ☐ 습도는 유지하되 공기가 정체되지 않도록 통풍한다.
- ☐ 번식력이 강한 고사리가 다른 종을 덮지 않도록 한다.
- ☐ 물 주기와 분무 등 무리 없이 관리하는 동선이다.

야외 고사리 정원 만들기

시작은 작은 정원에서

노지가 있다면 고사리 정원을 만들어보는 것도 좋다. 직접 심고, 키우면서 자리를 잡는 과정을 지켜보는 경험만큼 고사리를 이해하는 데 도움이 되는 일은 없다. 채집이 어렵다면, 화원이나 시장에서 판매되는 고사리부터 시작해도 충분하다. 대개 이런 곳에서 만나는 고사리들은 환경 변화에 강하고, 정원에 잘 적응하는 종들이다.

초보자가 야외 정원에서 시작하기에 좋은 고사리로는 관중, 개고사리, 골고사리 등이 있다. 이들은 토양과 환경에 대한 요구가 까다롭지 않고, 계절 변화에도 비교적 안정적으로 자란다. 이런 고사리들만으로도 충분히 풍성한 정원을 만들 수 있다.

고사리가 좋아하는 자리

고사리 정원은 암석 정원 형태로 조성하는 것이 좋다. 이

유는 분명하다. 고사리의 선명한 초록 잎은 회색 돌이나 어두운 벽돌, 자연석 사이에서 더욱 또렷하게 드러나기 때문이다. 또한 흙 표면을 돌이나 단단한 재료로 덮어주면 수분 증발이 줄어들어, 여름철에도 토양이 비교적 안정적으로 유지된다.

시골 길이나 오래된 마을을 걷다 보면 집 입구나 담장 옆에 소박한 고사리 정원이 자리한 모습을 종종 보게 된다. 이런 공간은 대개 조용하고 단정한 느낌을 준다. 집의 분위기를 부드럽게 만들어주는 데도 고사리가 큰 역할을 하는 것이다. 이런 자리에는 가장 흔하고 튼튼한 고사리만 심는 것이 좋다. 기존 흙만으로도 충분한 경우가 많지만, 흙이 너무 단단하거나 배수가 걱정된다면 부엽토나 잘 삭은 낙엽 흙을 조금 섞어주면 뿌리 활착이 한결 수월해진다.

흙이 고사리에 적합한지 확신이 서지 않는다면, 주변에서 고사리가 자연스럽게 자라고 있는 곳의 흙 상태를 참고하는 것이 가장 확실하다. 기존 흙에 마사토나 고운 모래를 섞어 물 빠짐을 보완하고, 지면보다 약간 높게 둔덕을 만든 뒤 그 위를 돌이나 암석으로 덮어 틈 사이에 고사리를 심는 것이다. 이런 단순한 구조의 정원에는 고사리, 왕관고비, 미역고사리를 포함한 고란초과 등 환경 적응력이 좋은 종들이 잘 어울린다.

부드러운 황토에 모래가 고르게 섞인 토양이 있다면 선택지는 더 넓어진다. 다만 본격적으로 정원을 만들기 전에 고사리의 성장을 직접 경험해보는 시간을 가지는 것이 좋다. 화분이나 실내 테라리움에서 몇 가지 고사리를 안정적으로 키워본 뒤에, 야외 공간으로 확장한다면 실패할 확률이 낮아질 것이다.

정원의 지형 만들기

야외 고사리 정원은 나무뿌리나 흙으로 둑을 쌓아 형태를 만드는 경우가 많다. 큰 나무가 있다면 자연스러운 그늘을 만들어주기 때문에 고사리에게는 좋은 조건이 된다. 다만 살아 있는 나무뿌리를 구조물로 그대로 사용할 때는 주의가 필요하다. 뿌리 사이로 곰팡이나 균이 번지기 쉬운 데다, 시간이 지나며 구조가 불안정해질 수 있기 때문이다. 비용과 편의성 때문에 이 방법을 택하는 경우도 있지만, 가능하다면 돌이나 벽돌 같은 인공 구조물을 사용하는 것이 더 안전하다.

야외 고사리 정원을 만들 때는 새 흙을 모두 사오기보다 이미 땅에 있는 흙을 기초로 활용한다. 기존 흙에는 점토 성분이 어느 정도 섞여 있어 언덕이나 흙 둑의 형태를 잡기에 알맞을 것이다. 언덕을 만들 자리를 정한 뒤 주변 흙을 파내

야외 고사리 정원의 구조

그늘이 생기는 위치에 기초층과 상부층, 암석 등을 차례로 쌓아
배수와 보습을 동시에 잡은 구조로, 별도 장비 없이도 고사리를
안정적으로 키울 수 있다.

한곳에 모아두고, 굵은 나무뿌리나 돌, 큰 유기물 덩어리만 골라낸다. 모아둔 흙에 물을 조금 뿌려 손으로 쥐었을 때 쉽게 부서지지 않고 형태가 유지된다면 기초층으로 사용해도 좋다.

이 흙으로 언덕이나 둔덕의 기본 뼈대를 먼저 만들고, 고사리를 심기보다는 지형의 모양을 잡는 데 집중한다. 흙은 한 번에 많이 올리지 않고 층층이 쌓아가며 손이나 발로 가볍게 다져주고, 형태가 완성되면 흙을 눌러 단단히 다져야 한다. 이렇게 해야 시간이 지나도 흙이 가라앉지 않고, 뿌리나 생장점이 드러나는 일을 막을 수 있다.

이렇게 만든 기초층 위에는 부엽토나 잘 삭은 낙엽 흙을 얹어 식재층의 흙을 만든다. 부엽토를 단독으로 사용할 수도 있으나 실제로는 기존 흙이나 마사토를 함께 섞어 무게와 구조를 보완하는 편이 훨씬 안정적이다. 고사리는 이 식재층의 흙에서 뿌리를 내리고 자라게 된다.

야외 정원에 어울리는 고사리

벽이나 둔덕 구조를 활용한 고사리 정원은 시각적으로도 효과가 크다. 벽의 틈과 모서리에 고사리가 자리 잡으면, 시간이 흐르면서 자연이 구조물을 다시 감싸 안은 듯한 인상을 주기 때문이다. 낮은 위치에는 관중이나 암개고사리를,

높은 위치나 토심이 얕은 곳에는 미역고사리를 배치하는 식으로 조건에 맞춰 심는 것이 좋다. 벽면에는 건조한 환경에서도 단단하게 형태를 유지하는 숫돌담고사리나, 길게 늘어지는 잎끝이 꼬리처럼 흐르며, 습윤한 환경에서 부드럽고 유연한 리듬을 만들어내는 꼬리고사리가 잘 어울리고, 작은 둔덕이나 반그늘이 드는 둔덕이나 비교적 흙심이 깊은 자리에는 북바위고사리가 무리를 이루면 좋다. 그와 함께 가늘게 갈라진 잎으로 투명한 분위기를 만들어주는 한들고사리나 두툼하고 윤기 있는 띠 모양이 단정한 골고사리를 심는다면 안정적인 정원을 구성할 수 있을 것이다.

야생적인 느낌 살리기

야생적인 느낌을 살리기 위해 둔덕은 가능한 한 다양한 방향과 경사를 이루는 편이 좋다. 자잘한 굴곡을 여러 개 만드는 것보다 약간 불규칙한 둔덕 하나가 더 자연스럽다. 다만 공간과 재료가 충분하다면 구조를 조금 복잡하게 만들어, 키우려는 고사리들의 서로 다른 생육 습성에 맞는 조건을 마련하는 것도 좋다.

이때 흙의 양은 반드시 충분해야 한다. 여름철 가장 더운 시기에 뿌리를 촉촉하게 유지하려면, 흙이 얕은 상태로 공기 중에 노출되는 구조는 피해야 한다. 특히 암석이나 벽 사이에 고사리를 심을 경우에는 더욱 주의가 필요하다. 가장 작은 규모의 구조물이라 하더라도, 흙이 들어가는 공간은 최소 30cm 이상 확보하는 것이 바람직하다.

배치는 자연스럽게 방치된 듯한 인상을 주는 것이 좋다. 흙이 지저분하고 정리가 되지 않은 상태는 고사리에게도 좋지 않을 뿐 아니라, 그런 환경을 유지하는 것은 식물집사로서 바람직한 태도라고 보기 어렵다. 그렇다고 지나치게 단정하게 정리된 모습 또한 고사리 정원과는 잘 어울리지 않는다.

전체적인 인상은 세련됨보다는 소박함에 가까워야 하며, 사용하는 재료 역시 가능한 한 차분한 색감으로 통일하는 편이 좋다. 번쩍이는 장식품이나 석고 조형물, 산호나 반짝이는 조개껍질과 같은 요소는 고사리 정원과 조화를 이루기 어렵기 때문에 함께 사용하지 않는 것이 바람직하다.

야외 고사리 정원 관리는 물 주기

비옥하고 부드러운 흙으로 만든 둔덕이나 언덕에 심은 생육이 강한 고사리들은 거의 손을 대지 않아도 된다. 가장 좋은 관리는 그대로 두는 것이다. 반면, 꼭대기나 돌출된 자리처럼 쉽게 건조해지는 위치에 심은 고사리들은 여름뿐 아니라 겨울에도, 또 건조한 날씨가 오래 이어질 때마다 물을 보충해주어야 한다. 특히 3월에 동풍이 계속 불면 많은 고사리들이 건조로 인해 피해를 입는다. 날씨가 차고 생장이 멈춘 상태이므로 물이 필요 없다고 생각하거나, 아예 고사리와 물 주기를 떠올리지 않기 때문이다.

특히 암석에 활착하는 작고 섬세한 고사리들은 혹한기 동안 보호가 필요하다. 화분을 거꾸로 덮어두거나, 깨끗하고 마른 풀을 포기 위에 얹은 뒤 말뚝으로 고정해도 된다. 모래를 고사리 포기 주변과 위에 덮는 방법도 도움이 된다. 이러한 보호재는 봄에 새 잎이 올라오기 시작하면 반드시 제거해야 한다. 보호재를 치울 때는 온화하고 습한 날을 고르는 것이 좋다. 부풀어 오른 생장점이 차갑고 건조한 동풍에 갑자기 노출되면, 봄의 시작을 알리는 에메랄드빛 새 잎을 올리지 못하고 그대로 말라 죽을 수 있기 때문이다.

월동을 위한 고사리 키우기

노지 월동을 하는 법을 알면 겨울에 실내에서 고사리를 키우는 것은 더욱 쉽게 느껴질 것이다. 여기서는 9월 이후의 노지 월동을 준비하는 법을 소개한다. 이 시기가 되면 고사리들은 매우 무성해지고, 화분은 뿌리로 가득 차게 된다. 이때가 분갈이를 할 적기다. 한 사이즈 큰 화분으로 고사리를 모두 옮겨 심고, 앞에서 설명한 방법대로 식재하면 된다. 53p.

이 시기에는 차광을 거두고 공기를 충분히 통하게 해야 한다. 다만 햇빛이 지나치게 강할 때만 잠시 그늘을 만들어 준다. 물은 이전처럼 주되, 점점 양을 줄여 10월 경에는 일주일에 한 번만 물을 준다. 그 이후로는 서리가 내리기 전까지 밤에는 비닐로 식물을 덮어두고, 낮에는 차광을 거둔다. 그 이후 서리가 내리기 전까지 일주일에 한 번씩 생장점이 마르지 않도록 그 위에 물을 충분히 적시되, 화분의 흙이 흠뻑 젖지 않도록, 즉 화분 전체를 적시는 관수는 중단한다. 실내에서 키운다면 이 시기부터 흙을 과습하는 대신 공중 습도를 높이는 방식을 적용한다.

겨울 생장점을 촉촉하게 유지하기

서리가 내리기 시작하면 비닐 덮개 위에 매트를 몇 장 덮어 보온한다. 서리가 더 심해질 경우에는 비닐 덮개 위에 마른 짚이나 건초를 얹고, 그 위를 다시 매트로 덮어 보온 효과를 높인다. 물론 이러한 예방 조치를 하지 않아도 식물이 모두 죽지는 않는다. 다만 서리의 영향을 그대로 받게 되면, 봄철 생장이 1~2주가량 늦어질 수 있다. 따라서 겨울철에는 고사리를 반드시 보호해주는 것이 바람직하다.

날씨가 온화하거나 밤에 약한 서리가 내리는 정도라면, 일주일에 한 번씩 생장점 위에 물을 소량 부어준다. 이 작업은 날씨가 극심하게 추워질 때에만 중단한다. 가능한 한 자주 공기를 순환시키되, 식물이 흠뻑 젖은 상태로 오래 머물지 않도록 하고, 물이 얼지 않도록 주의해야 한다.

그러나 많은 초보 식물집사들은 겨울 동안 화분을 먼지처럼 건조하게 두는 실수를 반복한다. 그 결과 이듬해 봄이 되어도 생장이 눈에 띄게 더디게 진행된다. 이런 경우에는 실제로 6월이 되어서야 겨우 자라기 시작해, 새 잎이 이미 펼쳐져 있어야 할 시기에도 거의 자라지 못하는 상황이 벌어진다. 겨울 내내 생장점을 마르지 않게 유지하는 것이 고사리 키우기에서 가장 중요한 성공 요인 가운데 하나다.

Check List

노지 월동을 위한 체크리스트

노지 월동의 흐름을 이해하면, 겨울에 실내에서 고사리를 키우는
일은 훨씬 단순하게 느껴진다.

□ 9월 초 : 뿌리를 풀지 말고 한 사이즈 큰 화분으로 바꾸어 분
  갈이한다.

□ 9월 중순 : 차광을 서서히 제거하고, 빛이 강할 때만 그늘을
  만들고, 공기가 충분히 통하도록 배치한다.

□ 10월 : 물 주는 횟수를 일주일에 한 번 정도로 조절한다

□ 첫 서리 전 : 밤에는 비닐로 덮고, 낮에는 걷어 공기와 빛을 통
  하게 하며, .화분 전체를 적시는 관수는 중단하고 생장점만
  물보충한다.

□ 서리 시작 후 : 비닐 덮개 위에 매트를 덮는다. 날씨가 온화하
  면 일주일에 한 번 생장점 위에만 물을 소량 주며, 극심한
  한파 때만 물 주기를 중단한다.

포기 번식

고사리를 늘리는 방법에는 크게 두 가지가 있다. 포기 번식과 포자 번식이다. 두 방법 모두 기본 원리만 이해하면 그리 어렵지 않다. 여기서는 관중이나 골고사리처럼 크고 건강한 개체의 번식을 예로 든다. 번식을 하기에 가장 좋은 시기는 봄, 즉 새 잎이 막 올라오기 시작할 때다. 물론 식물의 상태가 충분히 좋다면, 다른 계절에도 조심스럽게 시도할 수 있다.

포기 번식은 자란 고사리를 뿌리째 나누어, 같은 개체를 늘리는 번식 방법이다. 이 방법이 가장 직관적이고 실패 확률이 적다. 먼저 식물을 화분에서 꺼내거나, 땅에 심은 경우에는 포크나 흙손으로 주변을 넉넉히 파서 조심스럽게 들어 올린다. 평평한 테이블 위에 놓고 살펴보면, 하나의 개체처럼 보이던 고사리가 실제로는 여러 개의 포기로 이루어져 있다는 것을 확인할 수 있다.

갈라진 결을 따라 포기를 나눈다

잘 드는 칼로 포기 사이를 나눈다. 이때 가장 중요한 기준은 각 포기에 충분한 뿌리가 붙어 있도록 하는 것이다. 억지로 찢지 말고, 자연스럽게 갈라지는 결을 따라 나누는 것이 안전하다. 나눈 포기는 작은 화분에 심는다. 53p.

화분 바닥에는 배수를 위해 굵은 자갈을 넉넉히 깔고, 그 위에 마른 이끼나 잘 부엽토를 얇게 올린다. 그 후 포기를 제자리에 놓은 뒤 뿌리 주변을 흙으로 채우고, 손으로 가볍게 눌러 고정한다.

심은 직후에는 물을 많이 주지 말고, 반그늘에서 회복시키는 것이 중요하다. 바람이 적고 직사광선을 피할 수 있는 구석이면 충분한다. 새 뿌리가 자리 잡기 전까지는 반드시 과습을 피해야 한다.

포기를 나눈다고 해서 원래 식물이 크게 약해지지는 않는다. 중심부를 기준으로 두 덩어리로 나누어도 각각 독립된 개체로 자라는 것이다. 다만 너무 잘게 나누지 말고, 포기 하나당 충분한 뿌리와 중심부가 남도록 해야 한다.

여름에도 포기 번식은 가능하다. 다만 이 시기에는 잎이 무성하므로 빠르게 작업을 마치고, 나눈 포기를 화분에 심은 뒤 약 2주간 보호된 환경에서 관리해야 한다. 이 기간에는 분무 위주로 물 관리를 해야 하며, 흙이 젖지 않도록 특히 주의한다. 상처 난 뿌리에는 과도한 수분이 오히려 해가 되기 때문이다.

근경이 옆으로 기는 고사리

근경이 옆으로 기어 자라는포복형 근경 미역고사리속은 방식이 조금 다르다. 이들은 연필 정도 굵기의 근경이 섬유질 뿌리와 얽혀 있어 비교적 자유롭게 나눌 수 있다. 단, 각 조각에 살아 있는 뿌리가 반드시 포함되어야 한다. 이런 고사리는 뿌리가 표면 가까이에 위치하므로, 습기를 머금되 통기성이 좋은 흙이 잘 맞는다. 화분 바닥의 3분의 1은 배수층으로 채우고, 그 위에 모래가 섞인 부엽토를 올린다. 다시 수태를 올린 뒤 그 위에 포기를 올리고, 다시 수태로 살짝 덮어 고정한다. 이후 물을 주고 뿌리가 마르거나 흔들리지 않도록 외부 자극을 줄인 안정적인 환경에 두면 몇 주 안에 안정적으로 자리를 잡는다.

대부분의 고사리는 포기 번식이 가능하지만, 모든 종이 다 그런 것은 아니다. 나무고사리처럼 근경이 나무줄기처럼 올라오는 경우직립형 근경에는 이 방법이 적합하지 않는다. 무엇보다 중요한 것은 식물의 구조를 이해한 뒤에 작업을 해야 한다는 것이다. 포기가 충분히 자라지 않았거나 나눌 여유가 없다면 그대로 두는 편이 낫다.

포기 번식

❷ 배수층을 갖춘 화분에 나눈 포기를 심고, 뿌리 주변을 흙으로 채워 가볍게 눌러 고정한다.

❸ 직사광선을 피한 그늘에서 과습 없이 관리하며, 새 뿌리가 자리 잡을 때까지 기다린다.

포복형 근경의 번식

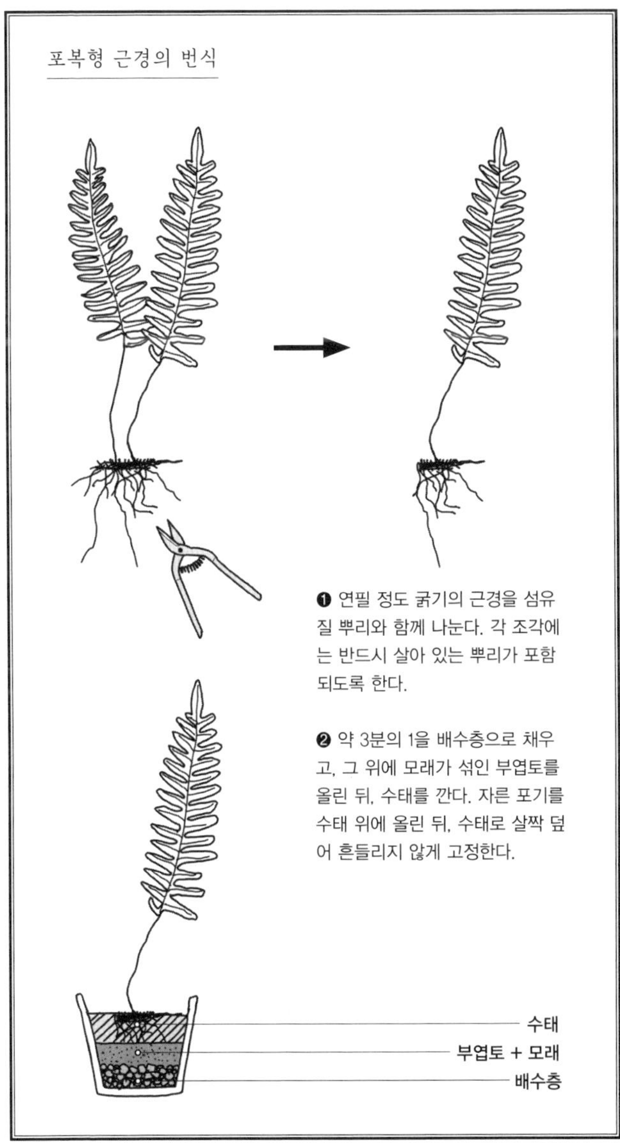

❶ 연필 정도 굵기의 근경을 섬유질 뿌리와 함께 나눈다. 각 조각에는 반드시 살아 있는 뿌리가 포함되도록 한다.

❷ 약 3분의 1을 배수층으로 채우고, 그 위에 모래가 섞인 부엽토를 올린 뒤, 수태를 깐다. 자른 포기를 수태 위에 올린 뒤, 수태로 살짝 덮어 흔들리지 않게 고정한다.

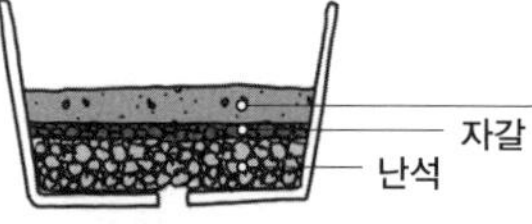

❶ 넓고 얕은 용기에 배수
층을 깔고 그 위에 자갈,
식재층 순으로 올린다.

❷ 고사리 포자를 긁어 흙
위에 고르게 퍼뜨린다.

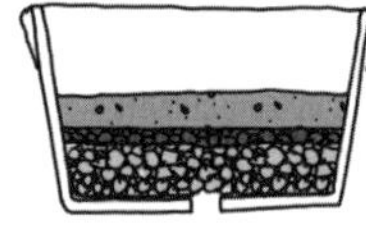

❸ 유리판이나 랩 등을 덮어 밀폐한
후, 따뜻하고 어두운 곳에 둔다.

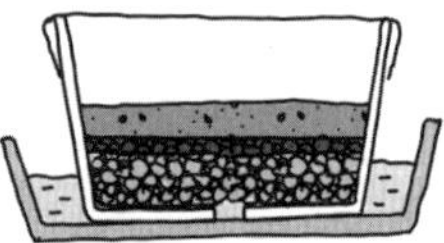

❹ 윗물 주기 대신 저면관수로 1시
간 가량 두어 흙을 촉촉하게 한다.

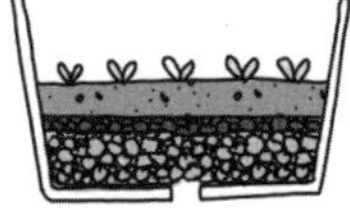

❺ 초록빛 막이 생기고, 이끼 같은
단계를 거쳐 어린잎이 올라온다.

❻ 점차 환기한 뒤, 충분히 자라
면 작은 화분으로 옮긴다.

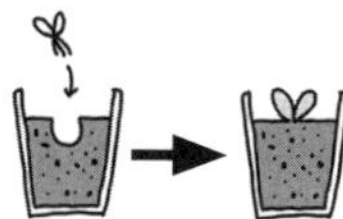

고사리는 기다려주면 반드시 때가 온다. 예를 들어, 야산고비는 바위 정원이나 습한 장소에서 잘 자라는 매력적인 고사리인데, 이 식물은 근경을 따라 일정한 간격을 두고 새로운 중심부를 형성하며 스스로 번식한다. 몇 해 두면 독립적인 생장점이 여러 개 생겨 무성해지고, 각 중심부와 뿌리가 남아 있는 부분은 새로운 개체로 옮겨 심을 수 있다.

또한 풀고사리는 오래 키우게 되면 중앙 부분이 죽고 그 가장자리에만 생장점이 남아 있는 경우가 있다. 이럴 때는 식물을 꺼내 포기를 나누고 묵은 흙을 털어낸 뒤 새 화분에 심는다. 이 경우에는 약 16~21도의 따뜻하고 습한 그늘 환경이 회복에 도움이 된다. 원리는 같지만 고사리의 특성에 맞춰 조정해야 한다.

포기를 나눈 뒤에는 식물이 많은 에너지를 소모하므로 일정 기간 동안 추가적인 관리가 반드시 필요하다. 작은 포기에는 모래가 많은 고운 흙을, 건강하고 큰 포기에는 덩어리가 있는 흙을 쓰는 것이 좋다. 온도와 습도, 그늘, 그리고 무엇보다도 식물집사의 정성이 중요하다. 튼튼하고 흔한 종류로 시작해서 연약하고 값비싼 품종까지 같은 정성으로 돌본다면, 큰 만족을 얻을 수 있을 것이다.

포자 번식

포자 번식은 잎에서 나온 포자를 발아시켜 새로운 고사리를 키우는 번식 방법이다. 시간이 오래 걸리고 인내를 요구하지만, 고사리를 키우는 즐거움을 가장 깊이 확장해주는 방식이다.

열대 고사리나 온실에서 키우는 고사리는 충분한 온도가 없으면 포자가 발아하지 않는다. 초보 식물집사라면 따뜻한 환경을 마련해야 한다. 반면 내한성 고사리는 밀폐된 그늘 환경에서도 안정적으로 발아한다.

포자의 파종

포자를 파종하기 위해서는 투명 덮개가 있는 넓고 얕은 밀폐용기가 필요하다. 일반 화분도 사용할 수 있지만, 관리와 관찰, 습도 유지 면에서는 이런 용기가 훨씬 유리하다.

바닥에는 배수층으로 쓰일 난석을 깔고, 그 위에 완두콩 크기의 자갈을 한 겹 올린다. 자갈 사이에 생긴 고운 먼지도 함께 남겨둔다. 그 위에 피트모스와 규사를 1:1로 섞은 흙을 약 2.5센티미터 두께로 채운다. 물을 가볍게 뿌려 흙을 가라앉힌 뒤, 자갈 일부가 살짝 보일 정도로 내려앉으면 적당하다.

그 다음으로, 성숙한 포자가 충분히 맺힌 고사리 잎을 준비한디. 이 포자를 흙 위에서 가볍게 문지르거나 두드리면 먼지처럼 고운 포자가 흩날리며 떨어진다. 이 포자를 흙 표면에 얇고 고르게 펴준 뒤, 용기의 뚜껑을 덮어 밀폐한다.

물은 저면관수로

용기는 따뜻하고 어두우면서 수시로 상태를 확인할 수 있는 자리에 둔다. 흙이 흠뻑 젖지 않도록 하면서도 항상 촉촉한 상태를 유지해야 한다. 물은 위에서 붓지 말고, 용기 전체를 얕은 물에 담가 저면관수하여 모세관 현상으로 흙이 천천히 젖게 한다. 이때 물 깊이는 약 2.5센티미터 정도가 적당하며, 한 시간가량 두었다가 꺼낸다.

그 후, 인내심을 가지고 기다리면 흙 표면에 녹조처럼 보이는 초록빛 막이 형성되는 것을 볼 수 있다. 이는 포자 발아가 정상적으로 진행되고 있다는 신호다. 이후 이끼와 비슷한 형태가 보이고 나면, 마침내 그 위에서 고사리의 어린 잎이 올라온다. 이 시기에는 손대지 않고 그대로 둔다.

처음 나타난 어린 고사리는 원래의 고사리와 전혀 다른 모습일 수 있으나, 생장이 이어지면서 점차 본래의 형질을 드러낸다.

화분에 정식하기

시간이 지나 묘가 점점 많아지고 빽빽해지면, 덮개를 조금씩 열어 환기를 시키면서 공기와 빛에 익숙하게 한다. 고사리가 충분히 적응한 뒤, 약 1년이 지나면 그때 작은 화분으로 옮겨 심는다. 옮길 때는 각 묘를 뿌리째 조심스럽게 들어 올려, 피트모스와 규사 중립0.7~1.2mm을 섞은 흙을 채운 작은 화분에 심는다. 이후에는 그늘지고 따뜻한 환경에서 관리하며, 잎에는 가볍게 분무하고 뿌리는 과습하지 않게 유지한다. 이후의 관리 방법은 일반 고사리 키우기와 크게 다르지 않다.

포자 번식은 결과보다 과정이 더 중요한 작업이다. 테라리움이나 온실, 돌 틈에서 자연스럽게 자라난 어린 고사리를 발견하는 순간은, 고사리를 키우면서 느끼는 가장 큰 기쁨 중 하나일 것이다. 어떤 고사리는 너무 쉽게 자라 잡초처럼 여겨지기도 하지만, 그 안에서 생명의 시작을 바라볼 줄 아는 사람에게 포자 발아는 언제나 경이로운 장면이다. 자연 앞에서 겸손해지는 경험, 그것이 포자 번식이 주는 즐거움이다.

About Fern Basics

포기 번식이 가능한 고사리

포기 번식이 가능한 고사리는 대부분 근경이 땅속이나 표면 가까이에서 옆으로 뻗어 자라는 줄기 구조로, 이 근경 위에 여러 개의 생장점이 형성된다. 각 생장점에서 잎과 뿌리가 독립적으로 나오기 때문에, 포기를 나누더라도 각각이 하나의 개체로 다시 자랄 수 있다. 포기 번식이 안전한 이유도 여기에 있다.

반대로 포기 번식이 부적합한 고사리도 있다. 이들은 근경이 퍼지지 않고, 하나의 중심 생장점만을 유지하는 구조를 가진다. 겉보기에는 잎이 풍성해 보여도 실제로는 하나의 생장점에서 모든 잎이 올라온다. 이런 고사리를 나누면 생장점이 손상되어 회복하지 못하고 쇠약해지거나 죽는다.

나무고사리나 아스플레니움 니두스는 모두 단일 생장점형 고사리로, 포기 번식 대상이 아니다. 포기 번식에서 가장 중요한 것은 기술이 아니라 판단이다. 잎의 수가 아니라 생장점의 수를 기준으로 삼아야 한다. 고사리를 늘리는 일은 개체 수를 늘리는 작업이 아니라, 구조를 이해하고 타이밍을 존중하는 선택의 문제다.

**도전해볼
만한 고사리**

금고사리와 은고사리

'금고사리'나 '은고사리'는 특정 식물의 이름은 아니다. 잎 뒷면에 파리나farina라는 미세한 분말의 왁스 물질이 묻어 금색이나 은색으로 보이는 고사리를 통칭한다.

금고사리와 은고사리는 초보자에게 적합한 고사리는 아니다. 이 고사리들은 너무도 아름다워서, 고사리에 익숙하지 않은 사람조차도 충동적으로 들이고 가끔 물만 주면 될 거라 생각하기 쉽지만, 한두 달이 지나면 식물은 점차 시들고, 결국 고사리는 키우기 어렵다는 성급한 결론에 이르게 된다.

금고사리와 은고사리는 다른 고사리들보다 약간 더 세심한 주의가 필요할 뿐이다. 다만 관리가 느슨해지는 순간, 곧바로 상태가 나빠지고 쉽게 죽는다. 반면 대부분의 고사리는 방치되거나 부적절한 환경에서도 끈질기게 살아남으며, 다시 알맞은 환경이 주어지면 마치 아무 일도 없었던 듯 생기를 회복한다.

　여기에서는 금고사리와 은고사리를 잘 키우는 법을 핵심만 정리한다. 아래의 설명은 생사의 경계에서 작동하는 실질적인 지침임을 염두에 두어야 한다. 이를 지킬 수 있으냐에 따라 식물의 생명이 좌우된다.

　화분은 뿌리가 빠르게 가득 찰 정도의 크기로 제한해야 한다. 배수는 충분히 잘 빠지게 해야 하며, 흙은 질 좋은 피트모스에 굵은 마사토를 섞은 혼합토가 적합하다. 규사는 입자가 너무 고와서 이상적이지는 않지만, 다른 대안이 없다면 사용해도 무방하다. 식물을 심을 때는 뿌리가 단단히 고정되도록 하고, 줄기와 잎자루가 시작되는 부분은 흙에 묻히지 않고 흙 표면 위로 드러나게 둔다.

　그 다음으로 중요한 요소는 온도와 습도다. 금고사리와 은고사리 가운데 일부는 난방이 반드시 필요하지는 않지만, 어떤 종도 자신에게 맞는 최소 온도 이하의 환경을 견디지는 못한다. 일반적으로는 난방하지 않는 공간에서도 잘 자라는 종류가 많지만, 금고사리와 은고사리는 예외에 가깝다. 이들은 환경 변화에 둔감하지 않으며, 막연히 '따뜻하고 축축한 곳'이 아니라, 각 식물에 정확히 맞는 온도와 습도를 요구한다.

　습도 관리도 마찬가지다. 이 식물들은 과도한 습도를 견

고사리를 어느 정도 키워본 뒤라면, 조금 더 구조감 있는 고사리에 도전해볼 만하다. 나무고사리와 부싯깃고사리는 환경에 대한 이해가 쌓일수록 매력을 분명하게 드러내는 고사리다.

부싯깃고사리
잎 표면에 부드러운 가루가 내려앉은 '은고사리'다. 은은한 색감과 섬세한 질감이 고사리 정원에 특별한 분위기를 만든다.

나무고사리
열대 숲의 기둥처럼 자라는 고사리다. 줄기 위로 잎이 펼쳐지며, 공간에 숲의 깊이와 시간감을 더한다.

디지 못한다. 지나치게 젖으면 곧 병들어 죽고, 반대로 건조하게 두면 역시 말라 죽는다. 이 두 경우 모두 빠르게 치명적인 결과로 이어진다. 이 고사리들에게 가장 해로운 요소는 불완전한 배수와 무겁고 축축한 토양, 찬 기운, 과습, 그리고 건조함이다. 어떤 경우에도 분무기로 잎에 직접 물을 뿌리는 행동은 피해야 한다.

지금까지 살펴본 모든 조언은 금고사리와 은고사리 키우기 전반에 그대로 적용된다. 관찰을 게을리하지 않고, 손을 자주 대며, 꾸준히 정성을 들이는 식물집사라면 이 고사리들의 성패가 결국 '끊임없는 살핌'에 달려 있다는 사실을 자연스럽게 알게 된다.

대표적인 금고사리와 은고사리 목록은 단순한 이름 나열이 아니라, 각 식물이 지닌 고유한 아름다움과 그에 상응하는 세심한 관리가 전제된 선택이다. 부싯깃고사리는 섬세한 은빛 고사리로 온실에 적합하다. 헤미오니티스 설푸레아는 금빛을 띠며 온실 재배가 가능하다. 헤미오니티스 불로사는 독특한 은색을 띠는 품종으로, 특히 섬세한 관리가 필요하다. 헤미오니티스 프테리디오이데스는 작고 사랑스러운 보석 같은 식물로, 오렌지빛 광택이 특징이며 건조되면 향기를 발산한다. 온실이나 작은 밀폐 케이스에 두기 좋다. 헤미오니티스 미리오필라는 매우 섬세하고 귀중한 은빛 고사리로, 따뜻한 난방 온실에서 덩어리 진 피트모스와 부서진 벽돌이나 돌 조각이 섞인 토양에서 가장 건강하게 자란다. 헤미오니티스 파리노스는 잎의 아래쪽은 은색, 가장자리는 금빛을 띤다.

'골드백 펀Goldback fern'이라고도 불리는 피티로그람마 크리소필라는 금고사리 가운데서도 으뜸으로 꼽히는 종으로, 반드시 온실에서 재배해야 한다. 피티로그람마 오크라케아는 약간 황금빛을 띠며 비교적 재배가 쉬운 편이지만, 겨울에도 온실 내 보호가 필요하다. 피티로그람마 설푸레아는 위쪽은 연두색, 아래쪽은 유황빛을 띠는 작고 독특한 고사리로, 온실 관리가 필요하며 작은 케이스에서도 키울 수 있다. 피티로그람마 에베네아 var. 에베네는 잎 뒷면이 눈부신 순은색으로 빛나며, 금고사리와 은고사리를 처음 접하는 사람에게 가장 적합한 종 가운데 하나다. 온실은 물론 조건이 맞는 서늘한 온실에서도 안정적으로 자란다.

나무고사리

나무고사리는 어린 개체를 선택하면 여러 장점이 있다. 나무고사리는 장식성이 뛰어날 뿐 아니라, 온실이나 실내의 그늘지고 보호된 공간처럼 다른 식물들이 자라기 어려운 자리에서도 비교적 안정적으로 자란다. 다만 나무고사리를 들이기 전에는, 이 식물이 차지하게 될 공간을 반드시 고려해야 한다. 이들 대형 종은 폭이 넓고, 잎이 자라면 유리 지붕이나 천장에 닿을 수도 있다.

고사리 가운데 나무고사리만큼 키우기 수월한 종류도 드물다. 토양은 거칠고 약간의 모래가 섞인 피트모스가 잘 맞는다. 여기에 수태나 코코넛 섬유를 섞으면 더욱 안정적인 바탕을 만들 수 있다. 다만, 큰 화분이나 용기가 필요하고, 뿌리는 어느 정도 제약을 견디지만 건강한 생장을 위해서는 가능한 한 넉넉한 공간을 확보하는 편이 좋다. 하루 종일 직사광선이 닿지 않는 그늘이 필수 조건이며, 수분 역시 꾸준히 공급해야 한다.

유통 과정에서 나무고사리는 잎과 뿌리를 제거한 줄기 상태로 들어오는 경우가 많다. 이런 개체는 일정 기간 건조 과정을 거친 뒤 포장되며, 운송 중에는 통풍이 확보되어야 한다. 밀폐된 상태로 장시간 보관되면 내부에서 부패가 시작될 수 있기 때문이다. 다행히 이러한 방식으로 운송된 나무고사리는 적절히 관리하면 안전하게 활착할 수 있다.

포장을 풀면 곧바로 심기보다는 실내의 서늘하고 어두운 구석에 세워두고 줄기에 수분을 공급한다. 첫 주는 하루에 한 번, 그 이후에는 하루 두세 번 물을 준다. 절대 완전히 건조하게 두어서는 안 된다. 약 2주가 지나면 줄기 끝에서 새로운 뿌리가 나오기 시작하고, 중앙에서는 조밀하게 말린 어린 잎들이 위로 솟아오르는 것이 보일 것이다.

이 시점이 되면 화분에 옮겨 심을 수 있다. 흙의 물리적 구조가 가장 중요하므로, 흙은 통기성이 좋고 물빠짐이 좋은 상태여야 한다. 처음에는 가능한 한 작은 화분을 사용하고, 식물이 성장함에 따라 더 큰 화분으로 옮겨가면 된다. 뿌리가 꽉 차기 시작하면 잎의 크기가 줄어들기 때문에, 넉넉한 공간이 필요하다.

나무고사리를 건강하게 키우려면 1년 중 대부분의 기간 동안 줄기가 마르지 않도록 수분을 꾸준히 보충해야 한다. 이때 잎에 직접 물을 과도하게 주는 것은 오히려 해로울 수 있으므로 주의한다. 식물을 건조한 공기 흐름에 노출시키지 말고, 직사광선 역시 피해야 한다. 이러한 기본 원칙만 지켜도 나무고사리는 해마다 안정적으로 자라며, 점점 더 큰 만족을 안겨주는 식물이 된다.

About Fern Basics

금빛으로 빛나는 고사리

금고사리와 은고사리는 특정한 식물의 고유한 이름은 아니며 잎 뒷면에 '파리나'라는 미세한 분말의 왁스 물질이 묻어 금색 또는 은색으로 보이는 고사리를 가리키는 통칭이다.

대표적인 금고사리는 흔히 '골드백펀'이라 불리는 고사리다. 이 종은 잎 뒷면 전체가 밝은 황금색 파리나로 덮여 있어, 잎을 뒤집는 순간 강한 금빛이 드러난다. 반면 은고사리로 가장 흔히 접할 수 있는 고사리로는 부싯깃고사리가 있다. 잎 뒷면에 은백색 파리나가 형성되어 전체적으로 분가루를 뿌린 듯한 인상을 주며, 이 색감 때문에 원예 시장에서는 은고사리로 통칭되는 경우가 많다.

파리나는 특히 어린 잎이나 겹쳐진 잎 가장자리에서는 앞면까지 퍼져, 잎 전체가 가루를 뒤집어쓴 듯한 인상을 준다.

이들 고사리는 고온다습한 환경을 좋아하는 상록성 고사리다. 습도가 부족하면 잎 끝부터 마르거나 파리나가 탈락해 관상 가치가 빠르게 떨어진다. 이 때문에 일반 실내보다는 온실 환경이나 테라리움에서 키우는 경우가 많다. 배수가 잘되는 흙과 안정적인 습도를 유지하면 생장은 비교적 빠른 편이다.

아직 흔한 고사리는 아니지만, 잎 뒷면의 색감과 구조적 완성도 덕분에 관엽식물 애호가들 사이에서는 점차 존재감을 넓혀가고 있다.

고사리의
이웃들

습한 그늘에서 자라는 석송이나, 바닥을 촘촘히 덮는 셀레지넬라, 물 위에 떠 있는 네 잎 모양의 식물을 마주하면 자연스럽게 "이 식물도 고사리야?" 하는 생각이 든다. 이들은 엄밀히 말하면 고사리는 아니지만, 고사리와 매우 가까운 친척들이다. 재배 환경도 비슷하고, 함께 두었을 때 풍경 역시 자연스럽게 어우러진다.

이 장에서는 고사리 애호가라면 한 번쯤 관심을 갖게 되는 이 '이웃 식물들'을 소개한다. 복잡한 식물학적 분류보다는, 어떤 식물들이고 어떻게 다루면 좋은지를 중심으로 살펴보겠다.

석송

석송은 고사리와 이끼의 중간쯤에 있는 듯한 인상을 준다. 가지와 잎의 배열은 이끼를 닮았지만, 전체적인 생김새는 고사리를 연상시킨다.

석송류는 자생지의 환경을 매우 강하게 요구한다. 특히 토양, 습도, 공기 흐름이 조금만 어긋나도 상태가 급격히 나빠진다. 그만큼 초보자에게는 추천하기 어렵다. 다만 자연 상태에서 군락을 이루는 모습은 매우 인상적이어서, 야외에서 관찰용 식물로 즐기기에는 충분한 매력이 있다.

고사리 재배 경험이 어느 정도 쌓인 뒤, "자연에 가까운 조건을 그대로 재현해 보고 싶다"는 마음이 들 때 도전해볼 만한 식물군이다.

부처손과

부처손과에는 매우 아름다운 형태의 식물들이 많다. 식물 집사를 위한 지침으로 말하자면, 이 식물군은 콜렉션이 많을수록 좋다고 해도 무방하다. 그만큼 형태와 색, 생장 방식이 다양하고 각각이 지닌 매력이 분명하다.

셀레기넬라 아포다는 낮게 퍼지며 쿠션처럼 자라는 섬세한 생장을 보인다. 그 모습은 어떤 이끼와 비교해도 뒤지지 않을 만큼 뛰어나며, 부처손과 특유의 아름다움을 가장 잘 보여준다.

셀라기넬라 웅키나타의 금속성 푸른빛은 실로 놀랍다. 이 종은 흔하게 유통되지만 색감만큼은 매우 인상적이다. 따뜻하고 습한 밀폐된 공간이라면 거의 어디서나 잘 자라며, 강한 열이나 강한 빛이 꼭 필요하지는 않다. 다만 온기와 빛을 약간씩만 더해주어도 생장은 한층 안정적으로 이루어진다. 셀라기넬라 몰리셉스에게서는 붉은 산호와 에메랄드빛이 함께 어우러진 색감을 볼 수 있다.

실제로 키워보면, 이들 대부분은 서늘한 실내 공간이나 테라리움에서도 비교적 잘 적응한다. 다만 최상의 상태로 키우기 위해서는 어느 정도 따뜻한 환경이 필요하다.다른 식물을 건강하게 유지하기 어려운 환경에서도, 부처손속은 비교적 안정적으로 자리 잡고 잘 자란다. 억지로 생명을 이어가는 식물과 달리, 이들은 관심을 기울인 만큼 분명한 보상으로 응답하는 식물이다.

또한 부처손과를 큰 고사리 사이 사이에 배치하면 공간의 완성도가 한층 높아지기도 한다. 위에서 내려오는 자연스러운 그늘을 그대로 활용할 수 있기 때문이다. 다만 관상 가치가 높은 식물인 만큼, 눈에 잘 띄는 위치에 두는 것이 중요하다. 굳이 보이지 않는 곳에는 둘 이유가 없다.

이 식물들은 생장이 왕성한 고사리들 사이에 두어도 무리 없이 잘 어울린다. 고사리의 잎은 넓게 퍼지면서 자라기 때문에 화분을 촘촘히 배치하기 어렵다. 그 결과 고사리 잎 아래에는 자연스럽게 그늘진 공간이 생기게 되고, 이러한 공간은 키가 낮고 깊은 그늘을 좋아하는 식물을 함께 두기에

고사리의 이웃들

고사리와 같은 환경에서 살아가며, 습도와 그늘, 기질의 성격을 함
께 드러내는 고사리의 이웃 식물들. 고사리를 이해하는 또 하나
의 창이다.

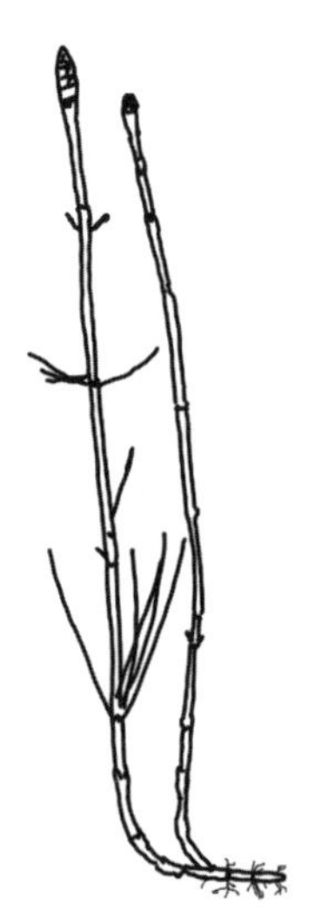

속새과
마디가 뚜렷하게 구분된 줄기와 잎이 퇴화해
비늘처럼 남아 있는 구조를 특징으로 하는
식물군이다. 잎 대신 줄기 자체가 광합성을
담당하며, 줄기 마디마다 고리 모양으로 가
지가 갈라지는 독특한 형태를 보인다.

부처손과
뿌리가 얕고 줄기에서 쉽게 뿌리를
내리는 특성을 지닌 식물군으로, 퍼
지듯 자라거나 카펫처럼 바닥을 덮는
등 생장 형태가 매우 다양하다. 습한
공기와 안정적인 온도를 좋아해 온
실이나 테라리움 환경에서 특히 높은
활용도를 보인다.

석송

자생지의 온도, 습도, 토양 조건에 매우 민
감하다. 재배 환경을 조금만 벗어나도 상태
가 급격히 나빠지기 때문에 키우기는 어렵지
만, 자연 상태에서 군락을 이루는 모습은 매
우 인상적이다.

이끼

고사리와 같은 환경에서 자연스럽게 함께 나
타나는 식물로, 공간의 습도와 기질 상태를 가
장 먼저 드러내는 지표 역할을 한다. 고사리
재배 환경이 안정되면 의도하지 않아도 스스
로 자리를 잡는 경우가 많다.

네가래

수면 위에 네잎 모양의 잎을 띄워
자라는 부유성 양치식물로, 겉모습
은 클로버를 닮았지만 분명한 고사
리류에 속한다. 항상 얕은 물이 유
지되는 환경에서 안정적으로 자라
며, 수반이나 얕은 수경 용기에 잘
어울린다.

알맞다.

큰 식물은 잎이 위에서 맞닿아 있어도 바닥에는 항상 여유 공간이 남는데, 이 공간이 바로 부처손과처럼 낮게 자라는 식물을 키우면 안성맞춤이다. 이렇게 배치하면 채광이 좋은 자리는 다른 식물을 키우는 데 활용할 수 있다.

이 식물을 잘 키우는 가장 좋은 방법은 깊은 화분보다 얕고 넓은 용기를 사용하는 것이다. 부처손과는 뿌리가 얕아 깊은 토양이 필요하지 않다. 따라서 면적이 넓은 용기를 사용하면, 훨씬 자연스럽게 퍼지게 키울 수 있다.

지름 약 40~45cm 정도의 얕은 용기는 생장이 강한 종류에 적합하며, 이끼처럼 자라는 소형종에는 더 작은 용기가 좋다. 용기 바닥에는 배수용 난석을 약 2.5cm 정도 깔고, 그 위에 피트모스에 마사토와 부엽토, 규사를 같은 비율로 섞은 배합토로 채운다. 흙은 손으로 단단히 눌러 다지고, 그 위에 얇게 모래를 덮는다.

삽수를 할 때는 너무 작은 조각보다는, 어느 정도 크기와 힘이 있는 부분을 사용하는 것이 좋다. 줄기 윗부분보다는 흙 가까운 밑부분에서 떼어내면 활착이 훨씬 안정적이다. 이렇게 하면 빠르게 뿌리를 내려 용기 전체를 덮는다. 오래된 개체를 계속 유지하기보다는, 이 방법으로 젊은 개체를 자주 갱신하는 편이 훨씬 낫다. 오래된 식물은 쉽게 부서지고 외형도 흐트러지지만, 젊고 건강한 개체는 생육과 형태에서 분명한 차이를 보인다.

금속성 잎맥을 지닌 셀레기넬라 웅기나타는 색이 탁해지기 시작하면 용기 바닥 가까이까지 과감히 잘라낸다. 그 위에 고운 흙과 모래, 또는 모래만 살짝 뿌린 뒤 따뜻하게 유지하면 빠르게 회복한다. 이 종은 어느 정도 그늘을 유지하지 않으면 특유의 아름다운 색을 쉽게 잃는다.

셀레기넬라 인에퀄폴리아와 셀레기넬라 비티쿨로사 계열은 번식 방법이 다소 다르다. 삽수를 흙 위에 눕히는 대신 기존 식물을 용기에서 꺼내 작은 조각으로 나눈 뒤 새 흙에 몇cm 간격으로 심는다. 지름은 약 23cm 정도의 용기가 적당하며, 자라면서 필요에 따라 더 큰 용기로 옮긴다. 이들은 생장이 느린 편이라 다른 부처손과에 비해 큰 개체가 되기까지 시간이 걸릴 것이다.

번식은 어느 때나 가능하지만, 가을이 번식하기에는 가장 좋다. 겨울 동안 실내나 온실에서 온도를 유지하며 관리하면 뿌리를 충분히 내리고, 봄이 되면 빠르게 자라 보기 좋은 군락을 이룬다.

이끼처럼 자라면서 줄기에서 뿌리를 내리는 종류들은 고사리 온실의 암석이나 벽돌 표면을 덮는 데 매우 적합하다. 바위나 벽돌 위에 모래나 피트모스를 살짝 뿌린 뒤에 셀레기넬라 아포다, 셀레기넬라 덴티쿨라타, 셀레기넬라 덴사, 셀레기넬라 옵투사 같은 식물을 눌러 붙이고 매일 가볍게 분무를 해주면, 곧 자리를 잡아 섬세한 초록 카펫을 만들 것이다.

용기에 심은 식물은 생장이 왕성할 때 분무를 자주 해두면 좋다. 모든 부처손과를 키울 공간이 없는 경우라면, 개성이 분명하고 관상 가치가 높은 종류를 선별해 키우는 것도 현실적인 방법이다.

네가래

네가래라는 이름으로 알려진 수생 부유양치식물이다. 겉모습은 네잎클로버를 닮았지만, 분명한 양치식물의 한 종류이다.

이 식물은 흙 위에서 키우기보다는, 물을 활용한 재배가 기본이다. 항상 얕은 물에 잠기도록 관리하면 쉽게 자란다. 실내에서는 수반이나 작은 수조, 얕은 수경 용기에 잘 어울린다.

처음 보면 소박해 보일 수 있지만, 일정한 조건을 갖추고 키우다 보면 고사리와는 전혀 다른 매력을 느끼게 된다. 물 위에 잎이 떠 있는 모습은 고사리 화단이나 실내 식물 공간에 색다른 리듬을 만들어준다.

고사리와 함께 배치할 경우에는 물과 흙의 경계를 분녕히 나누는 것이 중요하다. 네가래는 물을 좋아하고, 대부분의 고사리는 과습을 싫어하기 때문이다.

속새

흔히 점토질 토양이나 양질토처럼 배수가 좋지 않은 곳에서 자라는 속새는, 구조만 놓고 보면 기묘할 정도로 우아하며 오랜 식물학적 역사를 지닌 존재다. 전체 색감은 연한 초록빛을 띠고, 줄기는 단단하면서도 약간 땅을 기는 듯한 생장 습성을 보인다. 줄기 주변에는 실처럼 가느다란 가지들이 나선형으로 배열되며, 실제 잎은 매우 작은 비늘 형태로 줄기의 각 마디마다 고리처럼 붙어 있다.

이 식물은 시골에서는 흔히 '말꼬리풀', 또는 줄여서 '말꼬리'라고 불린다. 종종 성가신 잡초로 여겨지지만, 그 구조의 정제된 아름다움과 형태미만 놓고 보면 양치식물원에 포함할 만한 가치가 충분하다. 피트모스로 덮은 그늘진 경사면에 심으면 빠르게 번식하며, 다른 식물의 생장을 방해하지 않으면서도 주변 환경과 자연스럽게 어우러진다.

능수쇠뜨기는 속새류 가운데 가장 우아한 종 중 하나다. 가지 하나하나가 극락조의 깃털처럼 부드럽게 휘어지며 곡선을 그린다. 지름 약 23cm 화분 안에 50여 개의 줄기가 가득 자란 모습을 떠올려보면, 이 식물이 왜 특별하게 느껴지는지 자연스럽게 이해할 수 있다.

능수쇠뜨기는 흔한 종은 아니지만, 이탄질 토양이나 가볍고 수분을 오래 유지하는 토양에서 특히 잘 자란다. 상태가 가장 좋은 개체들은 대개 물이 자연스럽게 스며드는 위치에서 발견된다. 예를 들어 위쪽 선반의 화분에 물을 줄 때 떨어지는 물방울을 아래 선반이 받아, 늘 촉촉한 상태가 유지되는 자리다. 충분한 수분을 머금으면서도 배수가 잘되고, 직사광선을 피한 그늘진 환경이 능수쇠뜨기를 키우기에 알맞다.

이 식물은 고사리 온실의 그늘진 자리, 암석 정원의 습한 구석, 또는 서늘하게 유지되는 온실의 음영진 모서리에서도 빠르게 번식한다. 보기 좋게 키우려면 매년 봄, 생장이 시작되는 시기에 더 큰 화분으로 옮겨준다. 이때는 뿌리 덩어리를 건드리지 않고, 그 안에 섞여 있는 자갈이나 토양 덩어리도 그대로 둔 채 옮기는 것이 좋다.

또 하나 주목할 만한 종은 에퀴세툼 텔마테이아다. 이 종은 앞선 종보다 한층 강건하며, 가지의 고리가 규칙적으로 배열되어 전체 인상이 단정하다. 남부 영국의 건조한 모래 언덕에서도 자생하지만, 실제로는 습한 환경에서 훨씬 더 좋은 생장을 보인다. 배수가 잘되면서도 수분을 오래 붙잡는 흙이 잘 맞으며, 원예용 상토에 마사토나 굵은 모래를 섞어 가볍게 만든 토양이 적합하다. 이러한 조건에서 자주 물을 주면, 야외 고사리 정원에서도 충분히 안정적이고 아름다운 모습을 감상할 수 있다.

이어 소개할 에퀴세툼 움브로숨은 특히 희귀하고 인상적인 종이다. 가지 고리가 서로 가깝게 모여 있으며, 각 고리는 거의 같은 각도로 펼쳐져 끝에서 부드러운 아치형을 만든다. 전체적인 인상은 절제되어 있으면서도 우아하며, 빛이 거의 들지 않는 깊은 그늘에서도 잘 자란다.

개쇠뜨기는 사람에 따라서는 앞서 언급한 능수쇠뜨기보다 더 아름답다고 느낄지도 모른다. 줄기에서 뻗어 나오는 가느다란 가지들이 머리카락처럼 갈라지고, 다시 여러 갈래로 나뉘기 때문이다. 그 섬세함은 마치 섬유로 짠 직물처럼 느껴질 정도로 정밀하며, 인위적인 손길로는 흉내 내기 어려운 자연의 아름다움을 보여준다. 이 종은 습지에 자생하며, 재배할 때도 항상 충분한 수분과 높은 습도를 유지해야 한다.

이 밖에도 물속새, 좀속새, 에퀴세툼 매카이아이 같은 여러 속새류도 있다. 이들은 구조적으로는 흥미롭지만, 관상적인 아름다움 면에서는 앞선 종들만큼 주목할 만하지는 않다. 키가 크고 줄기가 단단하며 가지가 거의 없고, 골풀을 닮은 모습은 정원의 전체적인 조화보다는 식물학적 관찰 대상으로서의 성격이 더 강하다.

이끼

이끼는 보통 주된 재배 대상은 아니다. 그러나 가장 아름다운 종 가운데 일부는 야외 양치식물원에서 쉽게 키울 수 있고, 몇몇 종은 서늘하게 유지되는 온실이나 프레임 환경에서도 잘 자란다. 고사리를 키우는 환경이 잘 조성된 곳에서는, 이끼가 일부러 들이지 않아도 스스로 나타나 바위 정원이나 암석 경계에 차분하고 깊이 있는 색조를 더해준다.

이끼를 채집할 때는 반드시, 식물이 자라고 있던 얇은 표면층 — 흙이나 나무껍질, 혹은 돌의 일부 —과 함께 떼어내야 한다. 이렇게 채집하면 이끼는 원래 자라던 자리에서처럼 자유롭게 생장하며 사방으로 퍼져 나간다. 반대로 무리하게 떼어내면 조직이 손상되어 쉽게 말라 죽는다.

이끼는 항상 충분한 수분이 필요하다. 11월과 12월처럼 겨울철에 습한 날씨가 이어질 때, 자연 상태에서 가장 활기차게 자라는 모습을 보면 분명히 알 수 있다. 여름철에는 하루에 세 번 정도 물을 주는 것이 좋고, 다른 계절에는 하루 두 번으로도 충분하다. 기온이 특히 높거나 공기가 매우 건조한 날에는 물 주는 횟수를 더 늘려야 한다.

일반적으로 물을 너무 많이 준다고 해서 문제가 생기는 경우는 드물다. 다만 극도로 건조한 날씨가 이어질 때는, 이끼 위에 가볍게 분무해주면 생장에 도움이 된다.

이끼를 배치할 때는, 해당 종이 자연에서 자라는 조건을 기준으로 자리를 정해야 한다. 바위나 벽돌 위에서 자라는 이끼는 비슷한 재질 위에 붙여 키우는 것이 좋고, 물가나 습지에서 자라는 이끼는 습한 토양 환경에 두어야 한다. 자생지의 조건을 세심하게 관찰하면, 초보자도 비교적 쉽게 적절한 위치를 판단할 수 있다.

About Fern Basics

관상식물로서의 속새

속새는 오랫동안 '성가신 식물'로 취급되어 왔다. 습한 논두렁이나 배수가 좋지 않은 밭 가장자리에서 강하게 번식하기 때문에, 뿌리를 완전히 제거하기도 어렵다. 시골에서는 '말꼬리풀'이라는 이름으로 불리며, 제거 대상에 가까운 존재였다.

그러나 시선을 조금만 바꾸면, 속새는 전혀 다른 얼굴을 드러낸다. 잎 대신 줄기가 주인공이며, 마디마다 정확하게 반복되는 고리와 실처럼 갈라지는 가지의 배열은 매우 정제되어 있다. 인위적으로 만들기 어려운 리듬과 질서를 지닌 식물이다. 특히 그늘과 습기가 유지되는 공간에서 자란 속새는, 잡초라는 말로는 설명할 수 없는 우아함을 보여준다.

관상식물로서 속새가 재평가된 계기는 환경이다. 배수가 안 좋고 습한 토양, 직사광선이 강하지 않은 자리, 늘 수분이 공급되는 조건은 많은 식물에게는 불리하지만 속새에게는 최적의 무대다. 고사리 온실의 그늘진 구석이나 암석 정원의 습한 틈, 물이 떨어지는 자리에서 속새는 오히려 가장 안정적인 모습을 유지한다. 어디에 두느냐, 어떤 식물과 함께 두느냐, 무엇을 기대하느냐에 따라 식물의 평가는 완전히 달라진다. 속새는 그 사실을 가장 정직하게 보여주는 식물 중 하나다.

고사리의
질병

고사리 잎이 계속 갈색이나 노란색으로 변하거나 바삭하게 마른다면 어떻게 할까? 고사리는 어떤 종은 의외로 손이 거의 가지 않지만, 또 어떤 종은 건강을 유지하기 위해 매우 구체적인 조건을 요구한다. 고사리에게서 흔하게 나타나는 문제를 알아보고 그 원인과 해결하는 법을 알아보자.

건강한 고사리의 조건

고사리 잎이 갈색이나 노란색으로 변하거나 쪼그라드는 현상은 대개 가장 먼저 나타나는 이상 신호다. 대부분의 경우 문제의 핵심은 빛이나 물에 있다. 빛이 너무 강하면 잎이 타고, 너무 약하면 생장이 둔해지며 과습이 발생하기 쉽다. 물을 너무 자주 주거나 배수가 나쁘면 흙이 늘 젖어 뿌리에 스트레스를 주고, 반대로 물이 부족하거나 공기가 지나치게 건조하면 잎 끝부터 바삭하게 마른다. 고사리의 문제는 여러 원인이 겹쳐 나타나는 경우가 많으므로, 모든 것을 한

꺼번에 바꾸기보다 가장 눈에 띄는 문제부터 조정하는 편이 효과적이다.

가장 흔한 원인, 과습

과습으로 인해 흙이 계속 젖어 있으면 고사리 잎은 갈색이나 노란색으로 변하기 쉽다. 이는 특히 실내나 빛이 약한 환경에서 가장 흔하게 나타나는 문제다. 잎이 물러지고 눌렀을 때 말랑하게 느껴지거나, 흙이 며칠씩 마르지 않고 계속 축축한 상태라면 과습을 의심해야 한다. 어두운 환경에서는 고사리가 물을 천천히 사용하기 때문에 과습 위험이 더 커지며, 화분 주변에 초파리가 보인다면 과습의 경고 신호로 볼 수 있다.

잎이 처음 노랗거나 갈색으로 변할 때 만져보아 말랑하다면 과습이 원인일 가능성이 높다. 시간이 지나 잎이 마르고 바삭해지면 원인을 판단하기 어려워진다. 해결을 위해서는 계절에 맞는 물 주기 습관을 들이고, 흙 속을 손가락으로 확인한 뒤 물을 준다. 배수가 잘되는 배합토를 사용하고, 너무 어두운 자리에 두었다면 밝은 간접광 쪽으로 옮기는 것이 도움이 된다. 간접광이 조금 늘어나는 것만으로도 회복 속도가 빨라질 수 있다.

물 부족할 때 나타나는 신호

고사리는 항상 촉촉한 환경을 좋아하기 때문에, 물이 모자라면 잎 색이 점차 옅어지고 끝부터 갈색으로 마르기 시작한다. 잎이 바삭하고 부서지듯 마르며, 흙을 만졌을 때 건조하다면 수분 부족을 의심해야 한다. 이 경우 수분을 머금을 수 있으면서도 배수가 되는 흙을 사용하는 것이 좋다.

밝은 곳에 두었다면 고사리가 더 활발히 자라며 물 소비도 늘어나므로 물 주기 간격을 조정해야 한다. 예를 들어 실버 레이디 같은 품종은 예상보다 많은 물을 필요로 하므로 개별 종의 특성을 확인하는 것이 중요하다. 흙 위에 피트모스 같은 멀칭을 얹어 수분 증발을 줄이는 것도 도움이 된다.

수돗물 속 염소

수돗물에 포함된 염소 역시 문제를 일으킬 수 있다. 특히 실내 화분에서 키우는 고사리는 염소에 민감한 경우가 있다. 이 문제는 서서히 진행되어 알아차리기 쉽지 않은데, 잎 끝부터 천천히 갈변하고 새잎이 거의 나오지 않으며 전체적으로 생기가 떨어진다.

가능하다면 정수된 물이나 빗물에 가까운 물을 사용하는 것이 좋다. 염소 중화제를 소량 사용하는 방법도 있다. 물을 하루 정도 받아두는 방식은 염소에는 효과가 있다.

빛이 너무 강하면 안 된다

고사리는 숲의 아래에서 자라는 식물이므로, 부드럽게 걸러진 빛을 선호한다. 직사광선이 오래 닿으면 잎이 빠르게 마르고 탈색된 자국이 남는다. 밝은 환경에서는 흙이 빨리 말라 물 부족 증상도 함께 나타날 수 있다. 햇빛에 탄 잎은 뚜렷한 흔적이 남지만, 단순한 수분 부족은 전체적으로 바삭해지는 경향이 있다.

따라서 창에서 거리를 두거나, 커튼이나 블라인드로 빛을 부드럽게 조절한다. 키가 큰 다른 식물을 앞에 두어 자연스러운 그늘을 만드는 방법도 효과적이다. 다만 일부 고사리는 생각보다 햇빛에 잘 적응하기도 하며, 새로 나온 잎은 약간의 직사광선에도 적응하는 경우가 있다.

고사리의 해충

잎이 끈적거리거나 윤기가 돌면 수액을 빨아먹는 해충을 의심할 수 있다. 깍지벌레는 잎 뒷면이나 줄기에 단단히 붙어 작은 돌기처럼 보이며, 응애는 아주 미세한 거미줄과 함께 잎을 점상으로 탈색시킨다. 해충은 식물의 수액을 지속적으로 흡수해 전체 생기를 떨어뜨린다.

해충이 발견되면 식물을 다른 식물과 분리하고, 물로 충분히 씻어낸 뒤 님오일을 사용해 처리한다. 알이 남아 있을 수 있으므로 일정 간격으로 반복 관리가 필요하다. 또한 잎을 주기적으로 닦아주면 해충을 조기에 발견하는 데 도움이 된다.

병해는 과습과 통풍 부족이 겹치면 나타날 수도 있다. 잎에 검거나 갈색 반점이 생기거나, 흰 가루 같은 곰팡이가 보이거나, 물에 젖은 듯한 조직이 나타난다면 병해를 의심해야 한다. 이런 경우에는 통풍을 개선하고, 감염된 잎을 제거하는 것이 우선이다. 문제가 계속된다면 살균제를 사용해야 하지만, 마지막 수단으로 생각하는 편이 좋다.

영양 결핍과 분갈이

영양 결핍은 오래된 흙을 계속 사용했을 때 나타난다. 오래된 잎부터 노랗게 변하고, 새잎이 작고 약하게 나오며 전체 생장이 둔해진다. 이 경우 분갈이를 통해 흙을 새로 바꾸는 것이 가장 확실한 해결책이다. 성장기에는 희석한 액비를 소량씩 주는 것이 도움이 되며, 과도한 비료 사용은 오히려 뿌리를 상하게 할 수 있다.

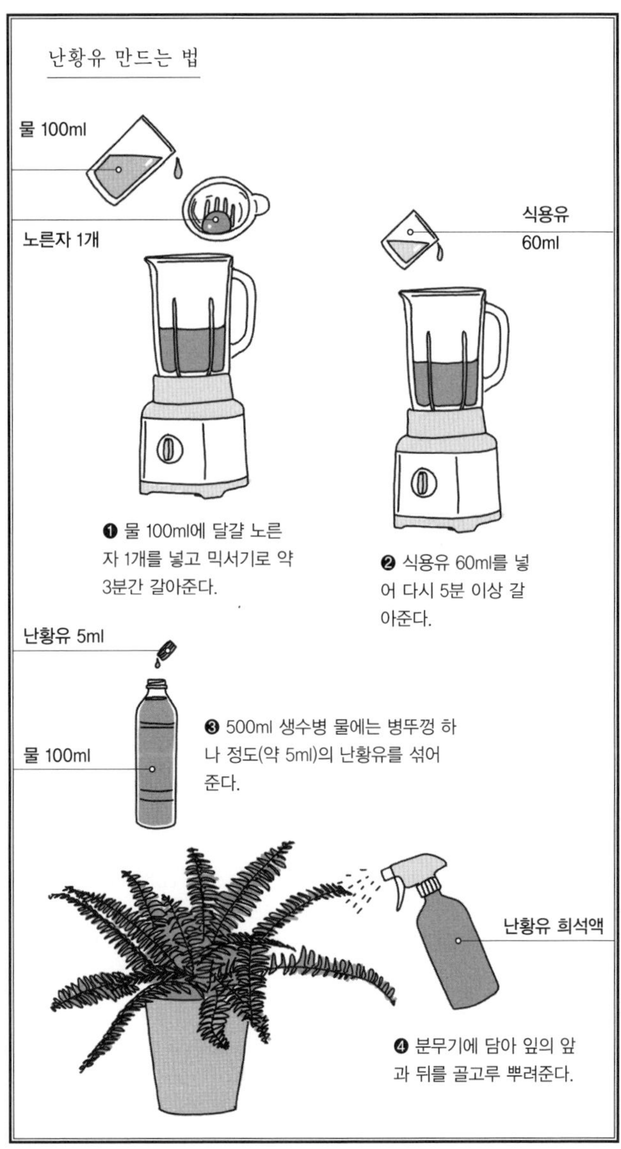

난황유 만드는 법
물 100ml
노른자 1개
식용유 60ml
❶ 물 100ml에 달걀 노른자 1개를 넣고 믹서기로 약 3분간 갈아준다.
❷ 식용유 60ml를 넣어 다시 5분 이상 갈아준다.
난황유 5ml
물 100ml
❸ 500ml 생수병 물에는 병뚜껑 하나 정도(약 5ml)의 난황유를 섞어준다.
난황유 희석액
❹ 분무기에 담아 잎의 앞과 뒤를 골고루 뿌려준다.

About Fern Basics

님오일과 고사리

님오일은 인도와 동남아 지역에 자라는 님나무의 씨앗에서 추출한 식물성 오일이다. 오래전부터 해충 관리와 위생을 위해 활용되었으며, 해충의 먹이 활동과 성장 과정을 방해하는 식물 유래 성분으로 작용한다. 접촉 즉시 독성을 나타내는 화학 약제와는 달리 작용 속도가 완만해 사람과 식물에 상대적으로 부담이 적다. 다만 천연 원료라고 해서 무조건 안전한 것은 아니며, 사용 농도와 방식에 따라 식물에 자극이 될 수 있다는 점은 유의해야 한다.

고사리를 키우다 보면 잎의 윤기가 사라지거나 잎 뒷면에 미세한 점이 생기는 등 해충 문제가 나타난다. 이럴 때 님오일은 해충을 즉각 제거하기보다는 먹이 활동과 번식 주기를 서서히 방해하는 방식으로 작용한다. 그래서 치료제라기보다는 예방과 관리용 도구에 가깝다. 잎 조직이 얇고 수분 균형에 민감한 고사리에게는 이런 작용 방식이 비교적 잘 맞는다.

고사리는 강한 약제에 반복적으로 노출되면 쉽게 스트레스를 받는다. 님오일은 자극이 비교적 적고 반복 사용이 가능해 실내 고사리 관리에 부담이 적다. 특히 응애나 깍지벌레처럼 눈에 잘 띄지 않는 해충의 활동성을 낮추는 데 도움이 된다. 다만 반드시 희석해 사용해야 하며, 분무할 때는 잎 앞면보다 잎 뒷면을 중심으로 가볍게 적신다. 분무 시간은 한낮을 피하고, 사용 주기는 주 1회 정도가 적당하다.

Check List

고사리 이상 징후 체크리스트

여러 증상이 동시에 나타날 경우, 과습과 배수 불량을 먼저 의심해
야 한다. 다만 고사리의 반응은 환경마다 다르므로, 이 기준은 절
대적인 판단이 아니라 점검을 위한 출발점으로 삼자.

증상	원인	대처법
☐ 잎끝 황변	빛 부족·과습	밝은 그늘·물 주기 늘림
☐ 잎끝 갈변	공기 건조	주변 습도 보완
☐ 잎 늘어짐	과습·뿌리기능 저하	물 중단·흙 점검
☐ 잎 마름	물 부족·직사광선	물 공급·직사광선 피함
☐ 흙 냄새	배수불량·뿌리 썩음	분갈이·배수층 보완
☐ 검은 반점	과습·통풍 부족	물 줄이고 통풍 확보
☐ 잎 떨어짐	계절 변화	관리법 바꾸지 말고 관찰

Check List

해충의 원인과 친환경 방제법

실내에서 고사리를 키우다 보면 해충 문제를 완전히 피하기는 어렵다. 대부분의 해충 피해는 환경 불균형에서 시작되며, 초기에는 강한 약제 없이도 충분히 대응할 수 있다. 통풍·습도·물 주기를 바로잡고, 면봉에 알코올을 묻혀 제거하거나 님오일 같은 친환경적인 방법으로 관리하는 것이 고사리를 건강하게 지키는 가장 안전한 방법이다.

증상	해충·원인	대처법
☐ 새 잎 말림 >	진딧물·통풍 부족 >	난황유
☐ 은색 반점 >	총채벌레·고온건조 >	님오일
☐ 초파리 >	초파리·과습 >	끈끈이트랩
☐ 거미줄 >	응애·고온저습 >	님오일
☐ 잎 끈적임 >	깍지벌레·통풍 부족 >	난황유

Index
식물명 색인

ㄱ

ㄴ

ㄷ

134 고사리 잘 키우는 법

워디언 케이스
테라리움 탄생의 비밀을 담은 식물학의 고전

테라리움의 창시자 너새니얼 B. 워드가 남긴 유일한 저작. 유리 상자 안에서 식물이 살아가는 원리를 처음으로 설명하고, 워디언 케이스가 식물 운송, 실내 가드닝, 환경 개선에 어떤 혁신을 가져왔는지 담아낸 책이다.

너새니얼 B. 워드 지음 | 이나영 옮김 | 240페이지 | 값 25,000원

박쥐란 원종 도감
문체부 중소출판사 제작지원 선정작

두 명의 식물 애호가가 3년 여에 걸쳐 전 세계에 존재하는 18종의 박쥐란 원종을 중심으로 박쥐란의 생태와 그에 따른 분류, 구조와 번식, 자생지 등의 학술적 정보를 정리한 국내 유일의 식물 도감이다.

김현웅 지음 | 신주현 그림 | 248페이지 | 값 29,000원

글로스터의 홈가드닝 이야기
10년 홈가드닝 노하우를 한 권이 담아낸 책

우리 환경에 맞는 열대 관엽식물 키우는 노하우를 총망라하여 모든 식물집사들이 적용할 수 있는 원리를 알기 쉽게 설명한 책. 200여 컷의 일러스트가 이해를 돕고 있어, 열대 관엽식물을 좋아하는 식물집사들에게는 더없이 좋은 가이드다.

박상태 지음 | 신주현 그림 | 244페이지 | 값 19,800원

처음 식물
식물과 함께 성장한 식물집사의 공감 에세이

사무실 공간의 절반을 식물로 채워버린 저자가 식물을 키우면서 겪은 이야기와 식물을 통해 만난 사람들의 친밀한 이야기를 담은 에세이. 식물을 키우는 식물집사라면 폭풍 공감을 일으킬 만한 이야기로 가득하다.

신주현 지음 | 248페이지 | 값 17,800원